计算机类技能型理实一体化新形态系列

U0659377

数据结构

案例教程

（微课版）

主　编　于莉莉　平金珍
副主编　温沁润　冯博
　　　　王伟锋

清华大学出版社
北京

内 容 简 介

本书的编写理念为实用优先、循序渐进、理实结合、全面提升。本书弱化了传统数据结构教材理论性较强的特点，更加注重将理论转化成实际应用的价值和意义，更加符合专业核心课程的特点以及人才培养的需求。

本书将知识点融入真实案例，旨在培养学生运用数据结构相关知识分析问题、解决问题的能力；融入社会主义核心价值观和我国优秀传统文化等素养元素，旨在培养学生的创新思维和良好的职业素养。本书采用 Java 语言作为算法的描述语言，包括 8 章内容，分别是：第 1 章，初识数据结构；第 2 章，线性表；第 3 章，栈和队列；第 4 章，串和数组；第 5 章，树和二叉树；第 6 章，图；第 7 章，查找；第 8 章，排序。根据线性表、栈和队列、串和数组、树和二叉树、图等常用的数据结构知识，本书结合猴子选大王程序、一元多项式加法运算、舞伴问题、文本加密器、哈夫曼编码器、教学计划的编制等具体案例，强化了数据结构思维的应用，符合学习者的认知规律，学习线索清晰，知识内容由浅入深、循序渐进。

全书按照勤学—善询—笃行的整体思路设置教学内容，注重理论与实践紧密结合。勤学篇包含基础知识和基础题目；善询篇包含头脑风暴和反馈；笃行篇包含案例实践和能力拓展。

本书既可以作为普通本科院校和高职院校计算机相关专业的教材，也可以作为计算机及相关专业人员的自学参考读物。

图书在版编目（CIP）数据

数据结构案例教程：微课版 / 于莉莉，平金珍主编 . 北京：清华大学出版社，2025.8.
（计算机类技能型理实一体化新形态系列）. -- ISBN 978-7-302-68586-9

Ⅰ . TP311.12

中国国家版本馆 CIP 数据核字第 2025DR1430 号

责任编辑：颜廷芳
封面设计：刘代书　钟明哲
责任校对：李　梅
责任印制：曹婉颖

出版发行：清华大学出版社
　　　　　网　　　址：https://www.tup.com.cn，https://www.wqxuetang.com
　　　　　地　　　址：北京清华大学学研大厦 A 座　　　　邮　　编：100084
　　　　　社 总 机：010-83470000　　　　　　　　　　　邮　　购：010-62786544
　　　　　投稿与读者服务：010-62776969, c-service@tup.tsinghua.edu.cn
　　　　　质量反馈：010-62772015, zhiliang@tup.tsinghua.edu.cn
　　　　　课件下载：https://www.tup.com.cn,010-83470410
印 装 者：三河市铭诚印务有限公司
经　　销：全国新华书店
开　　本：185mm×260mm　　　　印　　张：14　　　　字　　数：338 千字
版　　次：2025 年 8 月第 1 版　　　　　　　　　　　印　　次：2025 年 8 月第 1 次印刷
定　　价：49.00 元

产品编号：108707-01

前　言

　　"数据结构"是计算机程序设计的重要理论基础，包含数据的逻辑结构、存储结构和相应操作，理论性较强。"数据结构"又是一门实践性很强的课程，主要培养学生分析数据、组织数据的能力，从而使学生能够编写出效率高、结构完整的程序。在软件工程开发和实施过程中能否正确、灵活地运用数据结构的思想设计出解决问题的算法，是检验"数据结构"课程学习效果的重要标准。

　　目前市面上有很多版本的"数据结构"教材，这些教材大多采用串讲的方式组织理论知识，即"提出概念—解释概念—举例说明"，这种形式虽然简单明了，却不能很好地结合实际应用来讲解理论知识，并不符合高职院校学生从具体实例开始再到一般认知的学习过程，导致学生很难理解数据结构在程序设计过程中的重要作用。此外，这些教材基本采用 C 或 C++ 语言作为数据结构和算法的描述语言，偏向于基础应用。

　　本书弥补了上述数据结构教材的缺陷，注重培养学生的实践能力，在传授理论知识的同时遵循"实用优先、循序渐进、理实结合、全面提升"的原则，同时以实践案例为中心组织课程内容，将知识点融入真实案例中。本书共 8 章，每章的内容都按照勤学—善询—笃行的总体思路呈现。勤学篇包含基础知识和基础题目；善询篇包含头脑风暴和反馈；笃行篇包含实践项目和能力拓展。本书引导学生从了解案例需求开始，有针对性地准备相应知识，通过案例分析将知识点与实际应用相融合，从而设计实现案例效果，最后对整个过程进行总结，达到提高能力和加深理解的目的。

　　本书第 1 章为初识数据结构，主要介绍数据结构的相关术语、学习数据结构的意义、算法的度量等知识；第 2~6 章介绍线性表、栈和队列、串和数组、树和二叉树、图这几种常用的数据结构，根据这几种数据结构的特点，结合猴子选大王程序、一元多项式加法运算、舞伴问题、哈夫曼编码器、教学计划的编制等案例，将理论与实践相结合；第 7、第 8 章介绍了经典的查找和排序算法，并结合简单的学生成绩管理系统说明查找和排序的具体应用。

　　本书选择 Java 语言作为描述语言，因为相对于其他语言，Java 语言比较完整、彻底地体现了面向对象的设计思想，还能与面向对象的程序设计语言无缝对接。

本书由于莉莉、平金珍担任主编，于莉莉、平金珍共同编写第 1~6 章的内容，温沁润、冯博和王伟锋共同编写第 7、8 章的内容和配套习题，全书由于莉莉统稿。在编写过程中得到了 CSDN、中科超智（北京）科技有限公司、河北盘古网络技术有限公司、河北小林焰科技有限公司、河北禾创营科技有限公司、河北丰憬信息技术有限公司等企业的大力支持，在此表示感谢。

由于编者水平有限，书中难免有疏漏与不足之处，恳请广大读者批评、指正。

编　者

2025 年 3 月

目　录

第 1 章

初识数据结构

学习目标

【知识目标】

1. 掌握数据结构的定义及其相关术语。
2. 理解学习数据结构的意义。
3. 理解数据结构在程序设计中的作用。
4. 了解算法的度量方法。

【能力目标】

1. 能够针对实际问题设计简单的算法。
2. 能够分析算法的时间复杂度，从而评估算法效能。

【素质目标】

1. 坚定"四个自信"。
2. 激发爱国热情，培养创新能力。
3. 培养学生发现问题、解决问题的能力。
4. 培养学生自主学习的能力。

学习效果

知 识 内 容		掌 握 程 度	存 在 疑 问
1. 什么是数据结构	数据结构的定义		
	数据结构的常用术语		
2. 数据结构的用途	学习数据结构的意义		
	数据结构的作用		
3. 数据结构与算法	算法的含义		
	算法的设计要求		
	算法的度量		

1.1　学籍档案管理系统的数据组织——什么是数据结构

勤　学　篇

1.1.1　案例说明

一个简单的学籍档案管理系统中需存储学生的学号、姓名、性别、出生日期、班级等信息，可以对信息进行增加、删除、修改或者查询操作，并且查询条件应该是多样化的。例如：按照班级查询、按照专业名称查询等。这些信息如何组织和存储才能最大限度地发挥系统优势，为使用者提供最高效快捷的服务呢？请根据系统需求做好系统数据的组织和准备工作。

1.1.2　知识储备

1. 数据结构的定义

数据结构是在整个计算机科学与技术领域中被广泛使用的术语。它用来反映数据的内部构成，即数据由哪些成分构成，以什么方式构成，呈现什么样的结构。因此，可以将数据结构定义为相互之间存在一种或者多种特定关系的数据元素的集合。

数据结构的定义

数据的逻辑结构反映数据之间的逻辑关系，也就是数据的前驱和后继关系，这种关系与数据在计算机中的存储位置无关。逻辑结构包括：集合结构、线性结构、树形结构和图形结构，如图 1.1 所示。

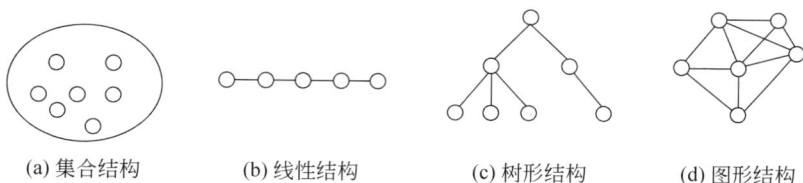

(a) 集合结构　　(b) 线性结构　　(c) 树形结构　　(d) 图形结构

图 1.1　数据的逻辑结构

数据的物理结构反映数据在计算机内的存储方式，又称存储结构。常见的存储结构有顺序存储结构、链式存储结构、索引存储结构和散列存储结构。

2. 数据结构常用的术语

（1）数据。数据（data）是外部世界信息的载体，是能够被计算机识别、加工、存储的符号的集合。在现实生活中可以将数据比喻为加工某种产品的原材料。常见数据分为数值数据和非数值数据。计算机中的数值数据包括整数、实数等，非数值数据包括字符、图片、影音资料等。

数据结构常见术语

（2）数据元素。数据元素（data element）是数据的基本单位，在计算机处理的过程中通常作为一个整体来处理。

（3）数据项。数据项（data item）是一个数据元素中的一部分。也就是说，一个数据

元素通常由一个或多个数据项组成。例如，在存储学生学籍档案的数据表（见表 1.1）中，每行数据就是一个数据元素，其中学号、姓名等字段就是数据项。

表 1.1　学生学籍档案数据表

学号	姓名	性别	出生年月	班级	…
20121160101	白三	男	1990.4.1	1 班	…
20121160102	朱四	男	1990.6.1	1 班	…
20121160103	沙五	女	1990.12.25	1 班	…
…	…	…	…	…	…

（4）数据对象。数据对象（data object）是性质相同的数据元素的集合，是数据的一个子集。例如，字符串集合 {"aa" "bb" "cc" "dd"} 就是一个数据对象。

（5）数据类型。数据类型（data type）是一组性质相同的值的集合，以及定义在这个值上的一组操作的总称。数据类型与数据结构的关系是：数据结构是数据类型的抽象，数据类型是数据结构在计算机内部的具体表现。

1.1.3　巩固基础

1. 数据结构可以定义为存在＿＿＿＿＿＿特定关系的＿＿＿＿＿＿的集合。

2. 数据的逻辑结构包括＿＿＿＿＿＿、＿＿＿＿＿＿、＿＿＿＿＿＿、＿＿＿＿＿＿。

巩固基础

3. 一个数据元素通常由一个或多个＿＿＿＿＿＿组成。

4. 从逻辑上可以把数据结构分成（　　　）。
   A. 线性结构和非线性结构
   B. 线性结构和树形结构
   C. 动态结构和静态结构
   D. 内部结构和外部结构

5. 想实现对数据的运算，必须确定其（　　　）。
   A. 数据对象　　　　B. 逻辑结构　　　　C. 存储结构　　　　D. 数据操作

6. 数据结构在计算机内存中的表示是指（　　　）。
   A. 数据的存储结构　　　　　　　　B. 数据结构
   C. 数据的逻辑结构　　　　　　　　D. 数据元素之间的关系

7. 在数据结构中，与所使用的计算机无关的是数据的（　　　）结构。
   A. 存储　　　　B. 物理　　　　C. 逻辑　　　　D. 物理和存储

8. 下面关于数据结构的基本操作的叙述中，错误的是（　　　）。
   A. 插入操作是在数据结构中添加新的元素
   B. 删除操作是从数据结构中移除指定的元素
   C. 查找操作是在数据结构中查找特定的元素
   D. 基本操作的实现效率与数据结构的存储方式无关

■■ 善 询 篇 ■■

1.1.4 头脑风暴

请搜集并了解现实生活中的哪些领域、哪项技术用到了数据结构中的内容，这些内容起到了什么样的作用？将心得记录在表 1.2 中，以防遗忘，也可分享出去，以获得更强的思维碰撞。学习中遇到的疑惑也可一并记录，问题是成长的阶梯，解决问题的过程就是思维进步的过程。

表 1.2 什么是数据结构

我的想法	集思广益

■■ 笃 行 篇 ■■

1.1.5 案例分析

学籍档案管理系统的数据组织直接影响系统的性能。如果只是存储数据，那么将每个数据元素依次存储在顺序表中即可，线性表可以按照存储位置很方便快捷地实现查询；如果要实现项目说明中提出的增加、删除、修改信息等功能，使用链表的效率会比较高，因为在链表上插入删除数据的时候，不需要像顺序表那样大量地移动元素，详细内容会在后续案例中进行说明；当按照不同条件查询数据时，就要想办法提高检索的效率，这种情况下采用树形结构是比较好的选择。

1.1.6 总结提高

数据结构主要研究 3 个方面的内容，即数据的逻辑结构、数据的存储（物理）结构、数据（算法）的运算。通常，算法的设计取决于数据的逻辑结构，算法的实现取决于数据的物理（存储）结构。具体如图 1.2 所示。

对于数据结构的定义以及相关术语不需要死记硬背，重要的是理解。在理解相关概念的基础上可以尝试对一些问题进行初步分析，将理论知识与解决实际问题紧密结合起来。例如，计划到几个城市旅游观光的时候，怎样设计一条最短路径，可以又省时间又省钱呢？为什么 Office 办公软件中撤销功能能够把最近的一次操作恢复回来？大规模球类比赛中的赛制是如何安排的？多思考这些贴近人们现实生活的实例，对于学习数据结构会有很大的帮助。

```
                                              ┌ 线性表
                               ┌ ①线性结构    │ 栈
                               │              │ 队列
                               │              └ 串
              ┌ (1) 数据的逻辑结构
         数   │                 │              ┌ 树形结构
         据   │                 └ ②非线性结构  │ 图形结构
         结   │                                └ 集合结构
         构   │
         的   ┤ (2) 数据的存储(物理)结构  ┌ ①顺序存储
         三   │                          └ ②链式存储
         个   │
         方   │
         面   └ (3) 数据(算法)的运算:检索、排序、插入、删除、修改等
```

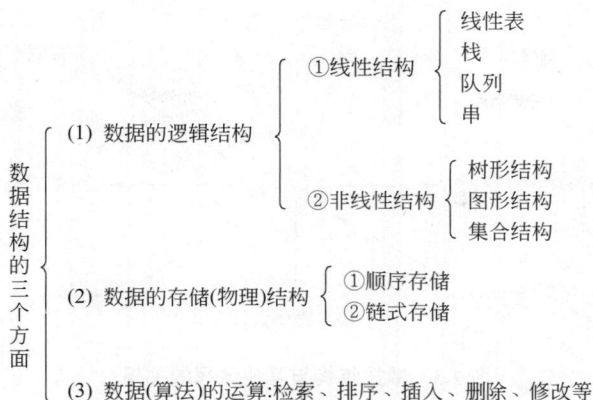

图 1.2   数据结构的研究内容

1.2   五子棋人机对战系统决策分析——数据结构的用途

勤 学 篇

1.2.1   案例说明

在人机对弈系统中，机器会根据人的每一步走子方案，按照某种算法进行分析和判断，最终得到对自己最有利的方案并且执行。尝试模拟这个过程，并且画出相应的数据结构示意图。

1.2.2   知识储备

1. 学习数据结构的意义

"数据结构"在计算机科学中是一门理论性强的专业核心课。它不仅研究计算机的硬件（特别是编码理论、存储装置和存取方法等），而且和计算机软件有着更密切的关系，无论是编译程序还是操作系统，都涉及数据元素在存储器中的组织问题。在研究信息检索时也必须考虑如何组织数据，这样查找和存取数据元素会更为方便。因此，可以认为数据结构是介于数学、计算机硬件和计算机软件三者之间的一门核心课程。在计算机科学中，数据结构不仅是一般程序设计（特别是非数值计算的程序设计）的基础，而且是设计和实现编译程序、操作系统、数据库系统及其他系统程序和大型应用程序的重要基础。要想有效地使用计算机、充分发挥计算机的性能，还必须学习和掌握好数据结构的有关知识，目的是了解计算机处理对象的特性,通过算法描述出问题的解决方案,并最终交给计算机进行处理。具体如图 1.3 所示。

学习数据结构的意义

2. 数据结构的作用

在计算机发展的初期，人们使用计算机的目的主要是处理数值计算问题。当人们使用计算机来解决一个具体问题时，一般需要经过下列几个步骤：首先要从该具体问题抽象出一个适当的数学模型，然后设计或选择一个关于此数学模型的算法，最后编出程序进行调

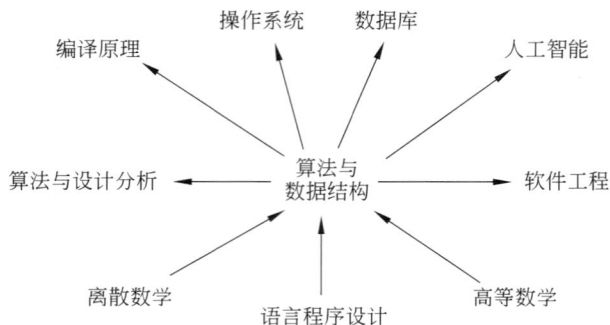

图 1.3   数据结构与其他课程的关系

试、测试，直至得到最终的解答。由于早期所涉及的运算对象是简单的整型、实型或布尔类型数据，所以程序设计者的主要精力都集中于程序的设计上，而没有重视数据结构。随着计算机应用领域的扩大和软、硬件的发展，非数值计算问题显得越来越重要。据统计，当今处理非数值计算性问题占用了 85% 以上的机器时间。这类问题涉及的数据结构更为复杂，数据元素之间的相互关系一般无法用简单的数学方程式加以描述。因此，解决这类问题的关键不再是数学分析和计算方法，而是要选择合适的数据结构，设计相应的算法，才能有效地解决问题。

举个简单的例子，要管理图书馆中众多的书籍，最直接的方式是按照书籍入馆的顺序依次摆放在书架上，并记录书籍的信息和摆放位置，但是如果有人来借书就会遇到麻烦了，因为书籍的摆放是完全随机的，非常不方便查找，也就是说，书籍这种数据没有经过必要的组织和处理。为了方便读者借书，可以将书籍进行分类摆放以解决上述问题。但是按照什么规则来分类也是很重要的，如按照书名、按照出版社、按照首字母、按照内容分类等。很明显目前绝大多数图书馆采用的都是按照书籍内容来分类的，因为这样可以帮助读者即使在不知道书名、出版社等信息的情况下也能最快地检索到自己想要的图书。

由以上例子可以看出，描述非数值计算问题的数学模型不再是数学方程，而是诸如线性表、树、图之类的数据结构。因此，数据结构课程的主要作用是研究非数值计算的程序设计问题中出现的计算机操作对象以及它们之间的关系。

1.2.3   巩固基础

一、判断题

1. 数据结构主要研究的内容是数值运算问题。   （   ）
2. 数据结构相关内容只与软件有关。   （   ）
3. 数据结构相关知识只适用于解决简单的问题。   （   ）
4. 数据结构是一门可以独立解决问题的学科。   （   ）

巩固基础

二、选择题

1. 学习数据结构有助于（   ）。

    A. 提高编程的效率   B. 降低代码的可读性

    C. 减少程序的运行速度   D. 增加代码的错误率

2. 以下关于学习数据结构的意义，描述错误的是（　　　）。

    A. 能更好地组织和管理数据　　　　　B. 使程序变得更复杂难以理解

    C. 提高算法的效率和性能　　　　　　D. 为解决复杂问题提供基础

3. 学习数据结构可以（　　　）。

    A. 限制程序的功能扩展　　　　　　　B. 增强解决实际问题的能力

    C. 阻碍对算法的理解　　　　　　　　D. 降低程序的可维护性

4. 以下（　　　）不是学习数据结构带来的好处。

    A. 优化内存使用　　　　　　　　　　B. 降低代码的复用性

    C. 提高程序的健壮性　　　　　　　　D. 便于代码的调试

5. 学习数据结构的重要意义在于（　　　）。

    A. 降低软件开发的成本　　　　　　　B. 增加软件开发的时间

    C. 使软件更容易出现漏洞　　　　　　D. 限制算法的创新

善　询　篇

1.2.4　头脑风暴

　　请设计一个具体的应用场景，需要用到数据组织管理方式才能更好地解决问题，然后讨论一下哪种解决方案最好。将心得记录在表 1.3 中，以防遗忘，也可分享出去，以获得更强的思维碰撞。学习中遇到的疑惑也可一并记录，问题是成长的阶梯，解决问题的过程就是思维进步的过程。

表 1.3　数据结构的用途

我的想法	集思广益

笃　行　篇

1.2.5　案例分析

　　人工智能是一门综合性很强的科学，计算机人机对弈是其中的一个重要分支。五子棋人机对弈系统中机器决策算法的设计，直接影响对弈的结果。结合图 1.4 来简单分析，在图中第一层的基础上，白子的走子位置有若干选择，于是形成了图中的第二层；从运筹帷幄的角度，针对白子的每一种选择，衍生出黑子的各种对策，即图中的第三层；依此类推，计算机会创建一个表格来计算每种走法的分值，最后在所有决策中执行分值最高的。这个过程需要的数据结构就是树形结构。为了使人机对弈的效果更好，可以穷举决策树中所有的方案供机器选择，这正好利用了树形结构一对多的特点。

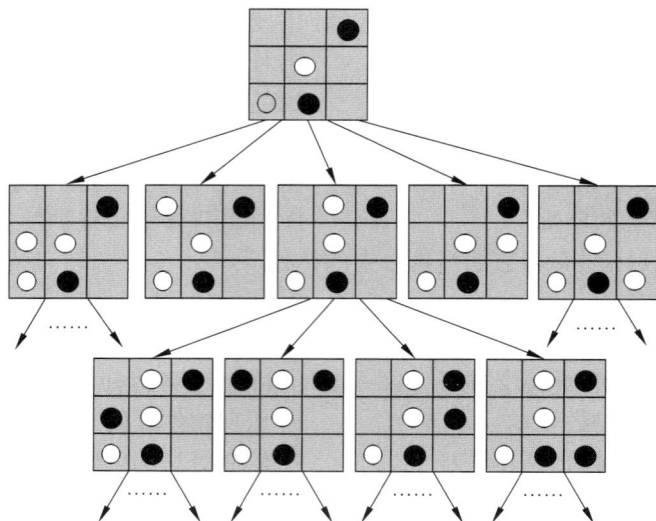

图 1.4　五子棋人机对弈决策树

1.2.6　总结提高

数据结构作为一门独立的学科，在计算机相关的知识体系中起着至关重要的作用，因此有这样一种说法——程序＝数据结构＋算法。我们可以毫不夸张地说没有数据结构支撑的程序就像没有灵魂的人一样苍白无力。

通过对数据结构的学习，应该养成"遇见问题先列举解决方法，经过分析选择最佳方案，编写程序交给机器执行"的习惯。对于身边司空见惯、习以为常的问题要多思考、多分析、多比较，用"计算机的思维"方式去处理问题。

1.3　N 个对象全排列——数据结构与算法

勤　学　篇

1.3.1　案例说明

全排列的生成算法就是指对于给定的字符集，用有效的方法将所有可能的全排列无重复无遗漏地列举出来。本节要求设计出 3 个数字全排列的实现方法。

1.3.2　知识储备

1. 算法的含义

广义地说，算法就是为解决问题而采取的步骤和方法，在程序设计中，算法是在有限步骤内求解某一问题所使用的一组定义明确的指令序列，通俗点说即计算机解题的过程。每条指令表示一个或多个操作。在这个过程中，无论是形成解题思路还是编写程序，都是在实施某种算法。前者是算

算法的含义

法实现的逻辑推理，后者是算法实现的具体操作。为了表示一个算法，可以采用多种不同的形式，如自然语言、传统流程图、结构化流程图、N-S 图、伪代码、计算机语言等。

算法具有以下特征。

（1）有穷性。一个算法必须保证在执行有限步骤后结束，而且每一步都应该在有穷时间内完成。

（2）确定性。算法中每一条指令必须有明确的含义，不能有歧义。在任何条件下，对于相同的输入只能得到相同的输出。

（3）可行性。每一个操作步骤都必须在有限的时间内完成。

（4）输入。一个算法既可以有多个输入，也可以没有输入。

（5）输出。一个算法可以有一个或多个输出，并且这些输出与输入是有特定关系的，没有输出的算法是没有实际意义的。

2. 算法的设计要求

（1）正确性。正确性至少包含以下 4 个层次：程序不含语法错误、程序对于随意的几组合法输入数据能够得出符合要求的结果、程序对于精心设计的典型合法数据输入能够得出符合要求的结果、程序对于所有合法的输入数据都能得出符合要求的结果。

（2）易读性。一个好的算法往往是与他人共享的，晦涩难懂的算法既不易与人交流，又会造成修改、调试维护的极大困难。

（3）高效性。在人的交往中，办事效率高的人更容易受到赏识。算法也一样，对于同一问题的不同解决方案，运行时间越少的效率越高，特别是在大型程序设计中，如果每个算法都具有高效性，那么对于缩短整个程序运行时间是非常有帮助的。

（4）健壮性。当接收非法的数据时，算法也能够做出适当的处理，而不是停止运行或者崩溃。

（5）可维护性。一个好的算法应该保持后期维护的低投入。

3. 算法效率的度量

算法的效率主要由算法的运行时间和存储所需空间来决定。其中，算法在整个运行过程中所耗费的时间称为算法的时间复杂度，算法整个运行过程占用的存储空间叫作空间复杂度。

算法效率的度量

算法的时间复杂度记作 $T(n)=O(f(n))$，其度量方法主要有如下两种。

（1）事后统计的方法。因为很多计算机内部有计时功能，有的甚至可以精确到毫秒级，所以不同算法对应的程序可通过一组或几组相同的统计数据来分辨优劣。但这种方法有两个缺陷：一是必须先运行依据算法编制的程序；二是所得时间的统计量依赖于计算机硬件、软件等环境因素，因此，人们常采用事前分析估算方法。

（2）事前分析估算的方法。事前分析估算的方法是一种通过对算法中不同语句序列的分析，得出算法中所有语句执行次数的相对大小，从而判断算法的运行时间长短的估算方法。这只是一个相对概念，不是绝对的。

以下面的这段代码为例来说明时间复杂度的计算方法。

```
public static Boolean seqSearch(char key){
    int i=0,counter=0;
    char[] data;
```

```
while(i<10){
  System.out.print(" 结果 ");
  if(key==data[i])
    counter++;
  i++;
  }
}
```

计算机执行这个算法时，第 1、2 条语句定义并赋初值语句都各执行 2 次简单操作，第 3 条 while 循环语句以及循环体语句除语句 counter++ 执行的次数和 key 在 data 数组中出现的次数一致外，均执行 10 次，把所有语句的执行次数加起来就得到 44+(key 在 data 数组中出现的次数)。

当上例中的循环次数不是 10，而是 n 次，则该例中每条语句的时间复杂度为 2，2，n，n，n，n，n，即时间复杂度的总和为 "$f(n)=4 \times n+4+$(key 在 data 数组中出现的次数)"，其复杂度表示为 $T(n)=O(n)$。

算法的空间复杂度是一个算法在运行过程中临时占用存储空间大小的量度。算法在计算机存储器内占用的存储空间主要包括 3 个部分，即算法源代码本身占用的存储空间、算法输入 / 输出数据所占用的存储空间、算法运行过程中临时占用的存储空间。其中，算法源代码本身所占用的存储空间与算法的长短成正比，要想节省这部分空间，就要尽量编写简洁的源代码；算法输入 / 输出数据所占用的存储空间是由算法所要解决问题的规模决定的，它不随算法的不同而改变；算法在运行过程中临时占用的存储空间则随算法不同而有所区别，好的算法在程序运行过程中占用的临时存储空间不随数据输入规模的不同而不同。

在对算法进行时间复杂度和空间复杂度的分析时，往往不能二者兼顾，考虑好的时间复杂度，就得牺牲空间复杂度的性能；反之亦然。因此，要从算法使用的频率、处理的数据规模等多方面进行综合考虑。

1.3.3   巩固基础

巩固基础

1. 算法的计算量的大小称为计算的（   ）。
   A. 效率   B. 复杂性
   C. 现实性   D. 难度
2. 算法指的是（   ）。
   A. 计算方法   B. 解决问题的步骤和方法
   C. 调度方法   D. 排序方法
3. 在下面的程序段中，对 x 的赋值语句的频度为（   ）。

```
for(i=1;i<=n;i++)
  for(j=1;j<=n;j++)
    x=x+1
```

   A. $O(2n)$ B. $O(n)$ C. $O(n^2)$ D. $O(\log_2 n)$
4. 算法的特征除了输入和输出之外，还包括（   ）。
   A. 有穷性、正确性、可行性

B. 有穷性、正确性、确定性

C. 有穷性、确定性、可行性

D. 正确性、确定性、可行性

5. 评价一个算法时间性能的主要标准是（　　　）。

  A. 算法易于调试   B. 算法便于理解

  C. 算法的稳定性和正确性   D. 算法的时间复杂度

善　询　篇

1.3.4　头脑风暴

  请分析一下冒泡排序算法的效率，针对这种算法的缺点设计相应的调整方案，以达到更优化的目的。将心得记录在表 1.4 中，以防遗忘，也可分享出去，以获得更强的思维碰撞。学习中遇到的疑惑也可一并记录，问题是成长的阶梯，解决问题的过程就是思维进步的过程。

表 1.4　数据结构与算法

我的想法	集思广益

笃　行　篇

1.3.5　案例分析

  3 个对象的全排列可以用图 1.5 来描述，可以看出全排列生成的规律是：每层对象的数字位数与层数相同；输出最后一层的结果就是 3 个对象全排列的结果；最终结果没有后继结点，第一层对象没有前驱结点。

  因此我们可以得出 3 个对象全排列问题的解决方案是：建立对应的树形结构，输出叶子结点。

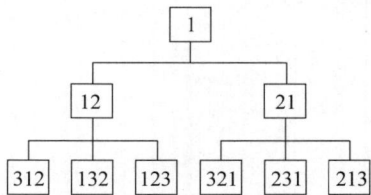

图 1.5　3 个对象全排列示意图

1.3.6　总结提高

  算法的设计不能天马行空，要符合特定的要求，而且要考虑到运行代价。对于同一个问题的不同解决方法，要权衡利弊，选取最适合的加以实现。可以说没有完美的算法，因为面临问题的时候人们在乎的结果和愿意付出的代价都不尽相同，条件变化了算法也应该做出相应调整。

能力拓展

1. 计算机执行下面的语句时，语句 s 的执行次数为_____。

```
for(i=1;i<n-1;i++)
  for(j=n;j>=i;j--)
    s;
```

2. 下面程序段的时间复杂度为_____。($n>1$)

```
sum=1;
  for (i=0;sum<n;i++)  sum+=1;
```

3. 分析并说明冒泡排序算法的时间复杂度是_____。

第 2 章

线 性 表

学习目标

【知识目标】

1. 了解线性表的相关概念和线性表的逻辑结构特点。
2. 掌握线性表的顺序存储结构——顺序表的定义及基本操作的实现方法。
3. 掌握线性表的链式存储结构——单链表的定义及基本操作的实现方法。
4. 了解循环链表、双向链表的定义及基本操作的实现方法。

【能力目标】

1. 能够根据实际情况选择适当的存储方式来存储数据。
2. 能够应用顺序表、链表解决实际问题。

【素质目标】

1. 践行社会主义核心价值观，弘扬中国优秀传统文化。
2. 培养学生脚踏实地、循序渐进的学习能力。
3. 培养学生的社会责任感和使命感。
4. 培养学生良好的职业道德和团队合作精神。

学习效果

知 识 内 容		掌 握 程 度	存 在 疑 问
1. 线性表的顺序存储（顺序表）	顺序表的定义		
	顺序表上的操作		
2. 线性表的链式存储	单链表的定义及基本操作		
	单循环链表的定义及基本操作		
	双向链表的定义及基本操作		
	双向循环链表的定义及基本操作		

2.1 猴子选大王程序——线性表的顺序存储

勤 学 篇

2.1.1 案例说明

群猴开会要选出猴子大王，于是群猴商议，首先各自编号为 1，2，3，…，m，然后按照 1~m 的顺序围坐一圈，从第 1 开始数，每数到第 n 个，该猴子就要离开此圈，这样依次下来，直到圈中只剩下最后一只猴子，则该猴子为大王。

2.1.2 知识储备

1. 线性表的定义

线性表（linear list）是由 n（$n \geq 0$）个数据元素（结点）a_1，a_2，…，a_n 组成的有限序列，如图 2.1 所示。

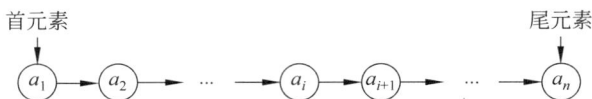

图 2.1 线性表示例

（1）数据元素的个数 n 定义为表的长度（$n=0$ 时称为空表）。

（2）将非空的线性表（$n > 0$）记作：（a_1，a_2，…，a_n）。

（3）数据元素 a_i（$1 \leq i \leq n$）只是个抽象符号，其具体含义在不同情况下可以不同。

【例 2.1】 英文字母表（A,B,…,Z）是线性表,表中每个字母是一个数据元素（结点）。

【例 2.2】 一组图片也是线性表，如图 2.2 所示。

图 2.2 线性表图例

【例 2.3】 学生成绩表中，每个学生及其成绩是一个数据元素，其中数据元素由学号、姓名、各科成绩等数据项组成，如表 2.1 所示。

表 2.1 学生成绩表

学　号	姓名	语文	数学	C 语言
6201001	张三	85	54	92
6201002	李四	92	84	64
6201003	王五	87	74	73
…	…	…	…	…

非空的线性表的逻辑结构特征具体如下。

（1）有且仅有一个开始点 a_1，没有直接前趋，有且仅有一个直接后继 a_2。

（2）有且仅有一个终结点 a_n，没有直接后继，有且仅有一个直接前趋 a_{n-1}。

（3）其余的内部结点 a_i（$2 \leqslant i \leqslant n-1$）都有且仅有一个直接前趋 a_{i-1} 和一个 a_{i+1}。

2. 顺序存储结构

（1）顺序表相关的定义如下。

① 顺序存储方法，即把线性表的结点按逻辑次序依次存放在一组地址连续的存储单元里的方法。

② 顺序表（sequence list）。用顺序存储方法存储的线性表简称为顺序表。

线性表的顺序存储

（2）结点 a_i 的存储地址。为了不失一般性，设线性表中所有结点的类型相同，则每个结点所占用存储空间大小亦相同。假设表中每个结点占用 c 个存储单元，则其中第一个单元的存储地址是该结点的存储地址；设表中开始结点 a_1 的存储地址（简称基地址）是 $\text{Loc}(a_1)$，那么结点 a_i 的存储地址 $\text{Loc}(a_i)$ 可通过图 2.3 表示。

index	数据元素	存储地址
1	a_1	$\text{Loc}(a_1)$
2	a_2	$\text{Loc}(a_1)+c$
⋮	⋮	⋮
$i-1$	a_{i-1}	$\text{Loc}(a_1)+(i-1)\times c$
i	a_i	$\text{Loc}(a_1)+i\times c$
$i+1$	a_{i+1}	$\text{Loc}(a_1)+(i+1)\times c$
⋮	⋮	⋮
$n-1$	a_{n-1}	$\text{Loc}(a_1)+(n-1)\times c$

图 2.3　结点地址示意图

所以，已知某结点下标，可以通过以下公式计算存储地址：

$$\text{Loc}(a_i)=\text{Loc}(a_i)+(i-1)\times c \quad （1 \leqslant i \leqslant n）$$

注意：在顺序表中，每个结点 a_i 的存储地址是该结点在表中的位置 i 的线性函数。只要知道基地址和每个结点的大小，就可在相同时间内求出任一结点的存储地址。这是一种随机存取结构。

3. 线性表上的基本操作

（1）Linear List(int n)。构造一个空的线性表，即表的初始化。

（2）length( )。求线性表中的结点个数，即求表长。

（3）get(int i)。取线性表中的第 i 个结点，这里要求 $1 \leqslant i \leqslant \text{length}( )$。

（4）indexof(int k)。在线性表中查找值为 k 的结点，并返回该结点的位置。若有多个结点的值和 k 相同，则返回首次找到的结点位置；若没有结点的值为 k，则返回一个特殊值表示查找失败。

（5）insert(int i, int k)。在线性表的第 i 个位置上插入一个值为 k 的新结点,使得原编号为 $i,i+1,\cdots,n$ 的结点变为编号为 $i+1,i+2,\cdots,n+1$ 的结点。这里 $1\leqslant i\leqslant n+1$,而 n 是原表的长度。插入后,表的长度加 1。

（6）remove(int k)。查找值为 k 的结点,记住其所在位置 i 即为删除线性表的第 i 个结点,使得原编号为 $i+1$, $i+2$, $\cdots$, n 的结点变成编号为 i, $i+1$, $\cdots$, $n-1$ 的结点。这里 $1\leqslant i\leqslant n$,而 n 是原表的长度。删除后表 L 的长度减 1。

4. 顺序表类型定义

具体代码如下。

```
public class SequenceList {
  private int table[]  ;
  private int n;
  // 为顺序表分配 n 个存储单元
  public SequenceList(int n)
  {
    // 所占用的存储单元个数 this.table.length 等于 n
    table = new int[n];
    this.n  = 0;
  }
}
```

具体存储如图 2.4 所示。

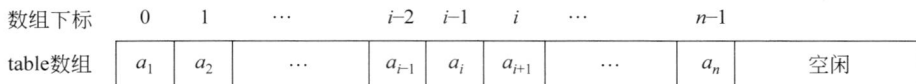

数组下标	0	1	…	$i-2$	$i-1$	i	…	$n-1$	
table数组	a_1	a_2	…	a_{i-1}	a_i	a_{i+1}	…	a_n	空闲

图 2.4　顺序表存储示意图

5. 顺序表的特点

顺序表是用向量实现的线性表,向量的下标可以看作结点的相对地址。因此顺序表的特点是逻辑上相邻的结点其物理位置亦相邻。

顺序表上实现的基本运算算法描述如下。

（1）表的初始化。具体代码如下。

```
private int table[];
private int n;
// 为顺序表分配 n 个存储单元
public SequenceList(int n)
{
  // 所占用的存储单元个数 this.table.length 等于 n
  table = new int[n];
  this.n  = 0;
}
```

（2）判断表空表满。具体代码如下。

```
// 判断顺序表的是否为空
```

```
public boolean isEmpty()
{
  return n == 0;
}
// 判断顺序表是否为满
public boolean isFull()
{
  return n >= table.length;
}
```

（3）求表长。具体代码如下。

```
// 返回顺序表长度
public int length()
{
  return n;
}
```

（4）取表中第 *i* 个结点。具体代码如下。

```
// 获得顺序表的第 i 个数据元素值
public int get(int i)
{
  if(i > 0 && i <= n)
  {
    return table[i-1];
  }
  else
  {
    return -1;
  }
}
```

（5）查找值为 *k* 的结点。具体代码如下。

```
// 查找 k 值，找到时返回位置，找不到返回 -1
private int indexof(int k)
{
  int j = 0;
  while(j < n && table[j] != k)
  {
    j ++;
  }
  if(j >= 0 && j < n)
  {
    return j;
  }
  else
  {
    return -1;
  }
}
```

（6）插入。如果要在顺序表第 i 个位置插入元素，在未超出表长范围的情况下，主要操作是移动元素，即从最后一个元素开始，到第下标为 $i–1$ 的元素结束，所有元素都往后挪一个位置，过程如图 2.5 所示。

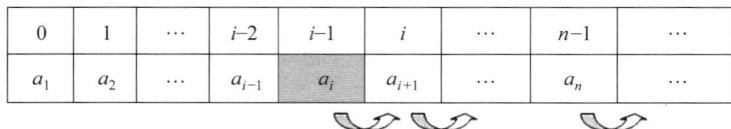

0	1	…	$i-2$	$i-1$	i	…	$n-1$	…
a_1	a_2	…	a_{i-1}	a_i	a_{i+1}	…	a_n	

图 2.5　顺序表插入操作

具体代码如下。

```java
// 在顺序表的第 i 个位置上插入数据元素
public void insert(int i,int k)                 // 插入 k 值作为第 i 个值
{
    int j;
    if(!isFull())
    {
        if(i<=0) i=1;
        if(i>n) i=n+1;
        for(j=n-1;j>=i-1;j--)
            table[j+1]=table[j];
        table[i-1]=k;
        n++;
    }
    else
        System.out.println(" 数组已满，无法插入 "+k+" 值！ ");
}
```

插入算法分析如下。

① 问题的规模。表的长度 length（设值为 n）即是问题的规模。

② 移动结点的次数由表长 n 和插入位置 i 决定。算法的时间主要花费在 for 循环中的结点后移语句上。该语句的执行次数是 $n–i+1$，当 $i=n+1$ 时，移动结点次数为 O，即算法在最好的情况下时间复杂度是 $O(1)$；当 $i=1$ 时，移动结点次数为 n，即算法在最坏的情况下时间复杂度是 $O(n)$。

③ 移动结点的平均次数。在表中第 i 个位置插入一个结点的移动次数为 $n–i+1$，p_i 表示在表中第 i 个位置上插入一个结点的概率。为了不失一般性，假设在表中任何合法位置（$1 \leqslant i \leqslant n+1$）上插入结点的机会是均等的，则 $p_1=p_2=\cdots=p_{n+1}=1/(n+1)$，因此，在等概率插入的情况下，在顺序表上进行插入运算时，平均要移动一半结点。

（7）删除。要想删除表内的某元素，当元素存在时，必须先查找元素位置 $i–1$，并从该位置下一个下标的元素 i 开始一直到表尾元素，所有元素都往前挪一个位置，如图 2.6 所示。

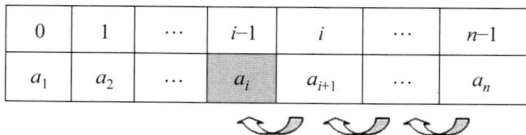

具体代码如下。

0	1	…	$i-1$	i	…	$n-1$
a_1	a_2	…	a_i	a_{i+1}	…	a_n

图 2.6　顺序表删除操作

```
public void remove(int k)                        // 删除顺序表的第 i 个数据元素
                                                 // 删除 k 值首次出现的数据元素
{
  int i=indexof(k);                              // 查找 k 值的位置
  if(i!=-1)
  {
    for(int j=i;j<n-1;j++)                        // 删除第 i 个值
        table[j]=table[j+1];
    table[n-1]=0;
    n--;
  }
  else
    System.out.println(k+" 值未找到，无法删除 !");
}
```

删除算法分析如下。

① 删除运算的逻辑描述。线性表的删除运算是指将表的第 i（$1 \leq i \leq n$）个结点删去，使长度为 n 的线性表（a_1，$\cdots$，a_{i-1}，a_i，a_{i+1}，$\cdots$，a_n），变成长度为 $n-1$ 的线性表（a_1，$\cdots$，a_{i-1}，a_{i+1}，$\cdots$，a_n）。当要删除元素的位置 i 不在表长范围（即 $i<1$ 或 $i>$L.length）时，为非法位置，不能做正常的删除操作。

② 顺序表删除操作过程。在顺序表上要想实现删除运算必须移动结点，才能反映出结点间的逻辑关系的变化。若 $i=n$，则只要简单地删除终端结点，无须移动结点；若 $1 \leq i \leq n-1$，则必须将表中位置 $i+1$，$i+2$，$\cdots$，n 的结点，依次前移到位置 i，$i+1$，$\cdots$，$n-1$ 上，以填补删除操作造成的空缺。

③ 算法分析。结点的移动次数由表长 n 和位置 i 决定。当 $i=n$ 时，结点的移动次数为 O，即算法时间复杂度为 $O(1)$；当 $i=1$ 时，结点的移动次数为 $n-1$，即算法时间复杂度为 $O(n)$。

④ 移动结点的平均次数。删除表中第 i 个位置结点的移动次数为 $n-i$，p_i 表示删除表中第 i 个位置上结点的概率。为了不失一般性，假设在表中任何合法位置（$1 \leq i \leq n$）上删除结点的机会是均等的，则 $p_1=p_2=\cdots=p_n=1/n$，因此，在等概率插入的情况下，在顺序表上做删除运算，平均要移动表中约一半的结点，平均时间复杂度也是 $O(n)$。

2.1.3　巩固基础

1. 线性表（liner list）是由 n（$n \geq 0$）个类型相同的（　　　）组成的有限序列。

　　A. 数据　　　　　　　　　　　　B. 数据元素

　　C. 数据项　　　　　　　　　　　D. 数据集合

巩固基础

2. 下列关于线性表的说法中，正确的是（　　　）。

　　A. 线性表中包含的数据元素个数可以是任意的

　　B. 线性表中的数据元素类型不可以是复合类型

　　C. 线性表中每个结点都有且只有一个直接前驱和直接后继

　　D. 线性表中的数据元素可以是整型、实型、字符等任何一种数据类型

3. 在顺序表中，只要知道（　　　），就可以快速求出任意一个结点的存储地址。

A. 结点所占用的存储长度　　　　　　B. 基地址和结点所占用的存储长度

C. 基地址　　　　　　　　　　　　　D. 数据元素个数

4. 假设在顺序表 $\{a_0, a_1, \cdots, a_{n-1}\}$ 中，每一个数据元素所占的存储单元的数目为 4，且第 0 个数据元素的存储地址为 100，则第 7 个数据元素的存储地址是（　　　　）。

A. 106　　　　　　　B. 107　　　　　　　C. 124　　　　　　　D. 128

5. 假设在顺序表中的每一个数据元素占用的存储单元为 d 字节，且第 1 个数据元素 a_0 的存储地址为 $\mathrm{Loc}(a_0)$，则 a_i 的存储地址是（　　　　）。

A. 无法计算　　　　　　　　　　　　B. $\mathrm{Loc}(a_i) = \mathrm{Loc}(a_0) + i$

C. $\mathrm{Loc}(a_i) = \mathrm{Loc}(a_0) \times d + i$　　　　D. $\mathrm{Loc}(a_i) = \mathrm{Loc}(a_0) + i \times d$

6. 要将一个长度为 n 的顺序表中第 i 个数据元素 $a_i (0 \leqslant i \leqslant n-1)$ 删除，需要向前移动（　　　　）个数据元素。

A. i　　　　　　　B. $n-i-1$　　　　　C. $n-i$　　　　　　D. $n-i+1$

7. 要在一个长度为 n 的顺序表中第 $i (0 \leqslant i \leqslant n-1)$ 个位置插入一个新元素，需要向后移动（　　　　）个数据元素。

A. i　　　　　　　B. $n-i-1$　　　　　C. $n-i$　　　　　　D. $n-i+1$

8. 在一个长度为 n 的顺序表中插入一个结点的平均移动次数为（　　　　）。

A. $(n+1)/2$　　　B. $(n-1)/2$　　　C. $n/2$　　　　　　D. n

9. 在一个长度为 n 的顺序表中删除一个结点的平均移动次数为（　　　　）。

A. $(n+1)/2$　　　B. $(n-1)/2$　　　C. $n/2$　　　　　　D. n

10. 顺序表插入、删除操作的时间复杂度为（　　　　）。

A. $O(1)$　　　　　B. $O(n)$　　　　　C. $O(\lg(n))$　　　D. $O(n^2)$

---------------------- 善　询　篇 ----------------------

2.1.4　头脑风暴

思考一下在现实生活中有哪些场景用到了顺序表，在应用过程中是否充分发挥了顺序表的优点，这种存储方式有没有缺点，应该如何改进？将心得填写在表 2.2 中，以防遗忘，也可分享出去，以获得更强的思维碰撞。学习中遇到的疑惑也可一并记录，问题是成长的阶梯，解决问题的过程就是思维进步的过程。

表 2.2　顺序表

我的想法	集思广益

笃 行 篇

2.1.5 案例分析

建立一个顺序表模拟全体待选的猴子，手动输入顺序表长（参加选大王的猴子数量）和循环的次数和表元素。用已经输出的总猴子数和顺序表长作比较，作为外层循环条件，并对每一个输出后的元素重新赋值为标记。对于每次循环，首先检查顺序表此时是不是等于设立的标记，如果不是则循环次数加 1，当达到要求的循环次数时就将循环次数设置为 0，输出该元素到屏幕并将总输出元素加 1。每次外循环都会移到表的下一个位置，作为新的判断条件，每次数到表尾的时候，都要重新设置到表尾，作为下次循环的表元素。

**猴子选大王
案例分析**

2.1.6 案例实现

具体代码如下。

```java
package ch02;
public class SequenceList {
  private int table[]  ;
  private int n;
  // 为顺序表分配 n 个存储单元
  public SequenceList(int n)
  {
    // 所占用的存储单元个数 this.table.length 等于 n
    table = new int[n];
    this.n  = 0;
  }
  // 判断顺序表的是否为空
  public boolean isEmpty()
  {
    return n == 0;
  }
  // 判断顺序表是否为满
  public boolean isFull()
  {
    return n >= table.length;
  }
  // 返回顺序表长度
  public int length()
  {
    return n;
  }
  // 获得顺序表的第 i 个数据元素值
  public int get(int i)
  {
    if(i > 0 && i <= n)
    {
```

```
      return table[i-1];
    }
    else
    {
      return -1;
    }
  }
  // 设置顺序表的第 i 个数据元素值
  public void set(int i ,int k)
  {
    if(i > 0 && i <= n + 1)
    {
      table[i - 1] = k;
      if(i == n + 1)
      {
        n ++;
      }
    }
  }
  // 查找线性表是否包含 k 值
  public boolean contains(int k)
  {
    int j = indexof(k);
    if(j != -1)
      return true;
    else
      return false;
  }
  // 查找 k 值，找到时返回位置，找不到返回 -1
  private int indexof(int k)
  {
    int j = 0;
    while(j < n && table[j] != k)
    {
      j ++;
    }
    if(j >= 0 && j < n)
    {
      return j;
    }
    else
    {
      return -1;
    }
  }
  // 在顺序表的第 i 个位置上插入数据元素
  public void insert(int i,int k)        // 插入 k 值作为第 i 个值
  {
```

```
    int j;
    if(!isFull())
    {
      if(i<=0)  i=1;
      if(i>n)  i=n+1;
      for(j=n-1;j>=i-1;j--)
        table[j+1]=table[j];
      table[i-1]=k;
      n++;
    }
    else
      System.out.println(" 数组已满，无法插入 "+k+" 值！ ");
  }
  public void insert(int k)                    // 添加 k 值到顺序表最后，重载
  {
    insert(n+1,k);
  }
  // 删除顺序表的第 i 个数据元素
  public void remove(int k)                    // 删除 k 值首次出现的数据元素
  {
    int i=indexof(k);                          // 查找 k 值的位置
    if(i!=-1)
    {
      for(int j=i;j<n-1;j++)                    // 删除第 i 个值
        table[j]=table[j+1];
      table[n-1]=0;
      n--;
    }
    else
      System.out.println(k+" 值未找到，无法删除 !");
  }
}
package 第二章 ;
public class MonkeyKing {
  /**
   * @param args
   */
  public static void main(String[] args) {
    // TODO Auto-generated method stub
    (new MonkeyKing()).display(5, 1, 2);
  }
  public void display(int N, int S, int D)
  {
    final int NULL = 0;
    SequenceList ring1 = new SequenceList(N);
    int i, j, k;
    for (i = 1; i <= N; i++)
        // n 个人依次插入线性表
```

```
      ring1.insert(i);
// ring1.output();
i = S - 1;                              // 从第 s 个开始计数
k = N;
while (k > 1)                           // n-1 个人依次出环
{
  j = 0;
  while (j < D)
  {
    i = i % N + 1;                      // 将线性表看成环形
    if (ring1.get(i) != NULL)
      j++;                             // 计数
  }
  System.out.println("out :  " + ring1.get(i));
  ring1.set(i, NULL);                  // 第 i 个人出环，设置第 i 个位置为空
  k--;
  // ring1.output();
}
i = 1;
while (i <= N && ring1.get(i) == NULL)
  // 寻找最后一个人
  i++;
System.out.println("The final person is " + ring1.get(i));
  }
}
```

运行结果如下。

```
out :  2
out :  4
out :  1
out :  5
The final person is 3
```

2.1.7　总结提高

线性表的顺序存储有着明显的优点，它无须为表示表中元素之间的逻辑关系而增加额外的存储空间，并且可以快速存取表中任意位置的数据元素。比如想要读取表中第 i 个元素，直接访问 table[i–1] 即可。但是顺序存储也有一定的缺点，如插入和删除结点比较困难。由于表中的结点是依次连续存放的，在动态操作时，为了保持元素的连续性，必须将某些结点向后或者向前移动，另外由于扩展不灵活，也容易造成空间浪费，建表时若估计不到表的最大长度，就难以确定需要分配的存储空间，影响数据扩展，分配的空间过大，则会造成预留空间浪费。

2.2 一元多项式加法运算——线性表的链式存储

2.2.1 案例说明

在数学中，一个一元 n 次多项式 $A_n(x)$ 若按降幂排列，则可写成以下形式：$A_n(x)=a_n x^n + a_{n-1} x^{n-1} +\cdots+ a_1x + a_0$，当 $a_n \neq 0$ 时，称 $A_n(x)$ 为 n 阶多项式，其中 a_n 为首项系数。那么如何解决求解两个一元多项式 $A(x)=a_0+a_1x+a_2x^2+ \cdots + a_nx^n$ 和 $B(x)=b_0+b_1x+b_2x^2+ \cdots + b_mx^m$ 求和的问题呢？要求就是分别输入两个多项式的系数和指数，结果将输出多项式相加以后的和。

2.2.2 知识储备

在上一个猴子选大王的案例里使用了线性表的顺序存储也就是顺序表来解决问题。线性表除了顺序存储外，还有另一种存储方式，叫作链式存储，这种存储方式用其独特的存储特点能够更高效率地解决一些问题。

猴子选大王案例中使用的顺序表的存储特点是利用物理上的相邻关系表达出逻辑上的前驱和后继关系，它要求用连续的存储单元顺序存储线性表中各元素，因此，对顺序表进行插入和删除时需要通过移动数据元素来实现线性表的逻辑上的相邻关系，从而影响了其运行效率。本节将介绍线性表的另一种存储形式——链式存储结构。它不需要用地址连续的存储单元来实现，而是通过"链"建立起数据元素之间的次序关系。因此它不要求逻辑上相邻的两个数据元素在物理结构上也相邻，这就意味着，这些数据元素可以存在内存未被占用的任意位置，而且在插入和删除时无须移动元素，从而提高了其运行效率。具体如图 2.7 所示。

链式存储结构主要有单链表、单循环链表、双向链表、循环双向链表等几种形式。

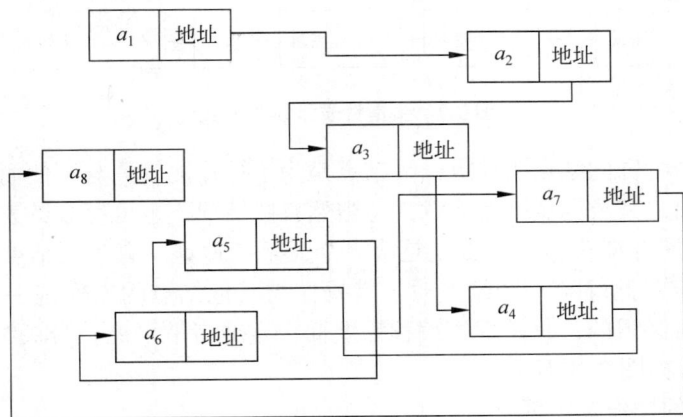

图 2.7 链式存储示意图

1. 单链表

1）单链表的定义

链表是通过一组任意的存储单元（可以连续也可不连续）来存储线性表中的数据元素的存储结构。根据线性表的逻辑定义，单链表的存储单元不仅能够存储元素，而且要求能表达元素与元素之间的线性关系。对数据元素 a_i 而言，除存放数据元素自身的信息 a_i 外，还需要存放后继元素 a_{i+1} 所在存储单元的地址，这两部分信息组成一个结点，每个结点包括两个域：数据域——存放数据元素本身的信息；指针域——存放其后继结点的地址。结点结构如图 2.8 所示。

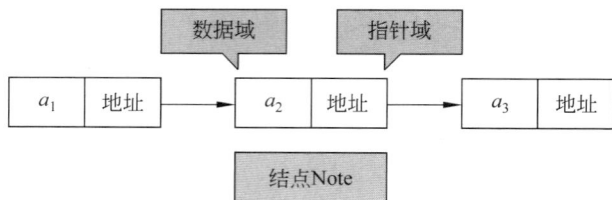

图 2.8　结点示意图

因此，n 个元素的线性表通过每个结点的指针域构成了一个"链条"，称为链表。因为每个结点中只有一个指向后继的指针，所以称其为单链表。为了访问单链表，只要知道第一个结点地址就能访问第一个元素，通过第一个元素的指针域得到第二个结点的地址，以此类推，可以访问所有元素。

单链表也是一种线性表。链表中第一个结点的存储位置叫作头指针，那么整个链表的存取就必须是从头指针开始进行的。之后的每一个结点，其实就是上一个的后继指针指向的位置。在线性表的链式存储结构中，头指针是指链表指向第一个结点的指针，头指针具有标识作用，故常用头指针冠以链表的名字。无论链表是否为空，头指针均不为空。头指针是链表的必要元素。链表 head 可以表示为图 2.9。

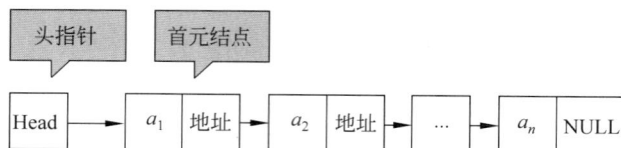

图 2.9　头指针表示链表形式

接下来说一个特殊的结点头结点。头结点是为了操作的统一与方便而设立的，放在第一个元素结点之前，其数据域一般无意义（当然有些情况下也可存放链表的长度、用作监视哨等），只是为了存储头指针，也就是第一个元素的地址。有了头结点后，在第一个元素结点前插入结点和删除第一个结点时，其操作与其他结点的操作统一。头结点不是链表所必需的，只是根据编程需要而设定或者取消的。带头结点的链表表示形式如图 2.10 所示。

2）单链表上的操作及实现

（1）单链表结点类定义与声明。在用代码描述单链表之前，需要定义

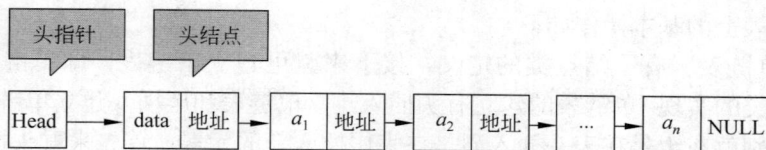

图 2.10　带头结点的链表表示形式

一个类来描述单链表的结点，具体代码如下。

```java
public class Node {
  private int data;
  private  Node next;
  public Node(){
    this(0,null);
  }
  public Node(int data){
    this(data,null);
  }
  public Node(int data,Node next){
    this.data=data;
    this.next=next;
  }
  public void setData(int data){
    this.data=data;
  }
  public int getData(){
    return  data;
  }
  public void setNext(Node next){
    this.next=next;
  }
  public Node getNext(){
    return  next;
  }
}
```

从这个类的定义中可知，结点由存放数据元素的数据域和存放后继结点地址的地址域组成。假设 p 是线性表第 i 个元素的地址，则该结点 a_i 的数据域可以用 p.getData( ) 来表示，p.getData( ) 的值是一个数据元素；结点 a_i 的地址域可以用 p.getNext( ) 来表示，p.getNext( ) 的值是一个地址。p.getNext( ) 则指向第 $i+1$ 个元素，即 a_{i+1} 的地址，如图 2.11 所示。

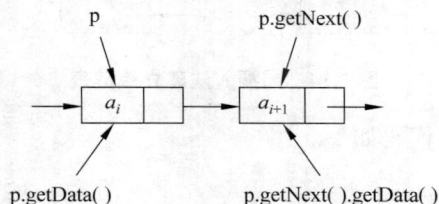

图 2.11　结点的表示示意图

（2）单链表上的基本操作如下。

① 建立单链表。有了结点类的定义，接下来就可建立单链表，即单链表的初始化，也就是单链表类的实现。单链表的建立有头插入建立单链表和尾插入建立单链表两种方法，顾名思义，区别就在于是在表头插入还是在表尾插入新的元素。首先来看头插入建立单链表，即每次都把新的元素插入单链表里的第一个位置，过程如图 2.12 所示。

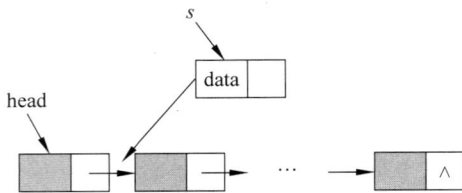

图 2.12　通过头插入法建立单链表

由此可以描述头插入建立单链表的算法如下。

a. 声明一结点 s 和计数器变量 i。

b. 初始化一空链表 head。

c. 让 head 的头结点的指针指向 NULL，即建立一个带头结点的单链表。

d. 循环：

* 生成一新结点赋值给 p；
* 随机生成一数字赋值给 p 的数据域 p.getData( )；
* 将 p 插入头结点与前一新结点之间。

具体代码由同学们参考以下的尾插入代码完成。通过算法，假设输入的新的数据元素分别为"a""b""c"和"d"，调用头插入建立的单链表算法会看到，头插入法建立的单链表中数据结点的次序与输入数据的次序正好相反，具体如图 2.13 所示。

图 2.13　头插入法建立的单链表

接下来分析尾插入法建立单链表，即每次都从表尾插入新的元素，过程如图 2.14 所示。

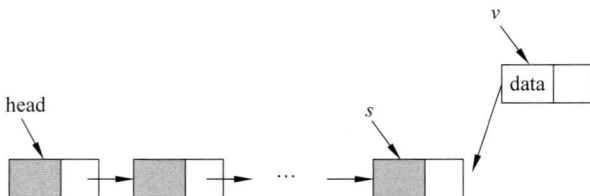

图 2.14　尾插入法建立单链表

尾插入法建立单链表的代码如下。

```java
import java.util.Scanner;
public class LinkList {
```

```
private Node head;
public LinkList(){
  head=new Node();
}
public LinkList(int n)throws Exception{
  this();
  create(n);
}
public void create(int n)throws Exception{
  Scanner sc=new Scanner(System.in);
  for(int i=0;i<n+1;i++){
    System.out.print("请输入单链表第 "+i+" 个元素值: ");
    insert(i,sc.nextInt());
  }
}
public void insert(int i,int data) throws Exception{
  Node s=head;
  int j=-1;
  while(j<i-1&&s!=null){
    ++j;
    s=s.getNext();
  }
  if(j>i-1||s==null){
    throw new Exception("插入位置不合法 !!!");
  }
  Node v=new Node(data);
  v.setNext(s.getNext());
  s.setNext(v);
}
public void display(){
  Node s=head.getNext();
  while(s!=null){
    System.out.print(s.getData()+",");
    s=s.getNext();
  }
  System.out.println();
}
public static void main(String args[])throws Exception{
  Scanner sc=new Scanner(System.in);
  System.out.print("请输入表长 !!!");
  int i=sc.nextInt();
  LinkList aa=new LinkList(i);
  aa.display();
}
}
```

② 求线性表的长度。在顺序表中，很容易求出表的长度，即为数组大小，但是在链表中若要求表的长度，则必须从表头开始数元素个数直到表尾。求线性表长度的操作过程如图 2.15 所示。

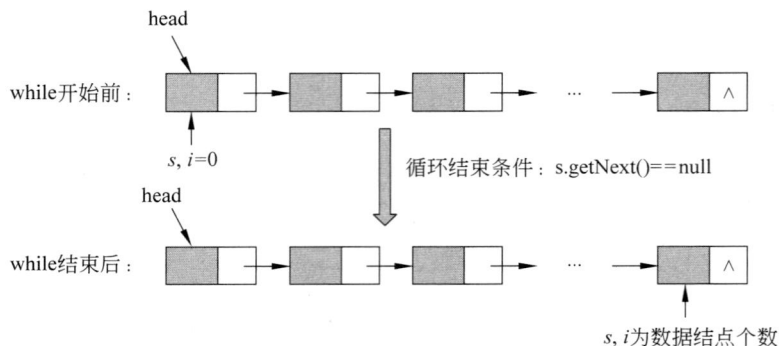

图 2.15 求线性表长度的操作过程

求链表长度算法描述如下。

```
public int length(){
  Node s=head.getNext();
  int i=0;
  while(s!=null){
    s=s.getNext();
    ++i;
  }
  return i;
}
```

③ 获取单链表指定位置元素。在线性表的顺序存储结构中，要计算任意一个元素的存储位置是很容易的，因为线性表的顺序存储就是个数组，比如要获取第 5 个元素，直接 table[4] 即可。但是单链表就有点不一样，它不是简单的数组。在单链表中，由于第 i 个元素到底在哪里没办法预知，所以必须得从头开始找。获取单链表指定位置元素操作过程如图 2.16 所示。

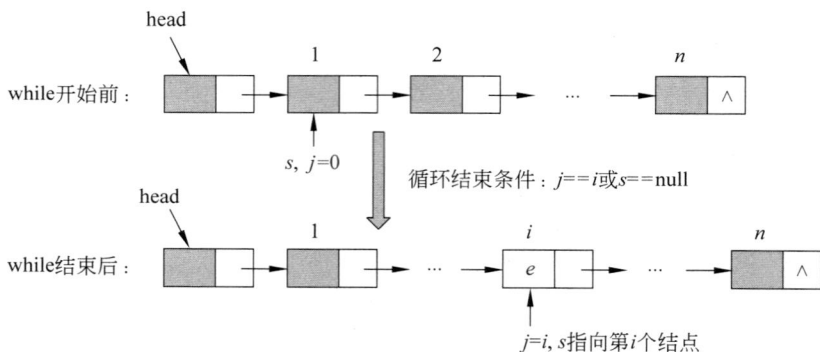

图 2.16 获取单链表指定位置元素操作过程

首先分析一下单链表实现获取第 i 个元素的数据的操作算法。

a. 声明一个结点 s 指向链表第一个结点，初始化 j 从 0 开始；

b. 当 $j < i$ 时遍历链表，让 s 的指针向后移动，不断指向下一结点，j 累加 1；

c. 若到链表末尾 s 为空，则说明第 i 个元素不存在；

d. 否则查找成功，返回结点 s 的数据。

实现代码如下。

```java
public int get(int i)throws Exception{
  Node s=head.getNext();
  int j=0;
  while(j<i&&s!=null){
    s=s.getNext();
    ++j;
  }
  if(j>i||s==null){
    throw new Exception(" 该结点不存在 ");
  }
  return s.getData();
}
```

由算法可以看出，获取单链表第 i 个元素就是从头开始找，直到第 i 个元素为止。由于这个算法的时间复杂度取决于 i 的位置，所以当 i=1 时，不需遍历，第一个就取出数据了；而当 i=n 时，需遍历 n–1 次才可以，因此最坏情况的时间复杂度是 O(n)。

④ 查找元素在单链表中的位置。很多时候需要查找指定元素的位置。给定一个数，查找这个数是否在单链表中，如果单链表中有，那么返回元素在单链表中首次出现的位置。操作如图 2.17 所示。

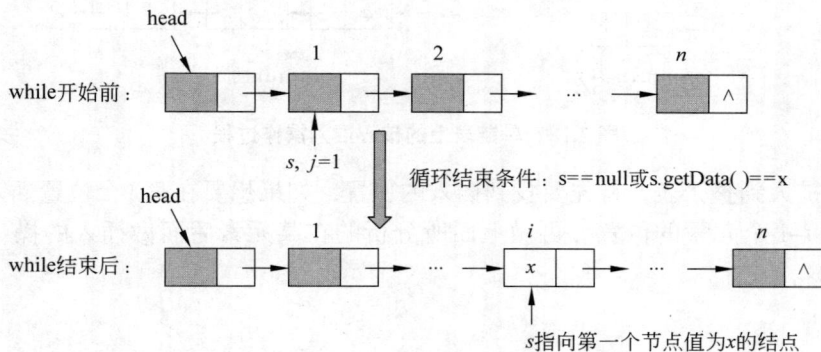

图 2.17　查找元素在单链表中的位置操作

算法分析如下。

a. 声明一个结点 d，并让它指向链表的首元结点，定义 j 来记录位置；

b. 用结点 d 针遍历链表，判断其数值域与传入的查找数 x 是否相等，j 也随之累加；

c. 若到链表末尾 d 为空，则说明值为 x 的元素不存在；

d. 如果相等，返回其位置 j。

实现代码如下。

```java
public int indexOf(int x)throws Exception{
  Node s=head;
```

```
int j=-1;
while(s!=null&&s.getData()!=x){
  s=s.getNext();
  ++j;
}
if(s==null){
  throw new Exception(" 找不到该结点 !!!");
}
return j;
}
```

⑤ 插入。在单链表中，插入和删除结点是最常用的操作，它们是建立单链表和相关基本运算算法的基础。单链表上的核心插入操作过程如图 2.18 所示。

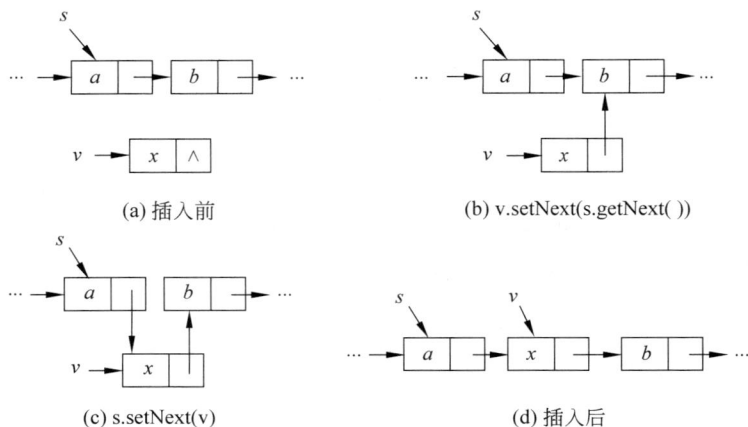

(a) 插入前　　　　　　　　　(b) v.setNext(s.getNext( ))

(c) s.setNext(v)　　　　　　　(d) 插入后

图 2.18　单链表上的核心插入操作过程

把插入扩大到整张表，首先要找到插入的位置，如果想要在第 i 个位置插入元素，则要先找到第 $i-1$ 个元素的位置，再做上面所分析的在某元素后面做插入的操作，过程如图 2.19 所示。

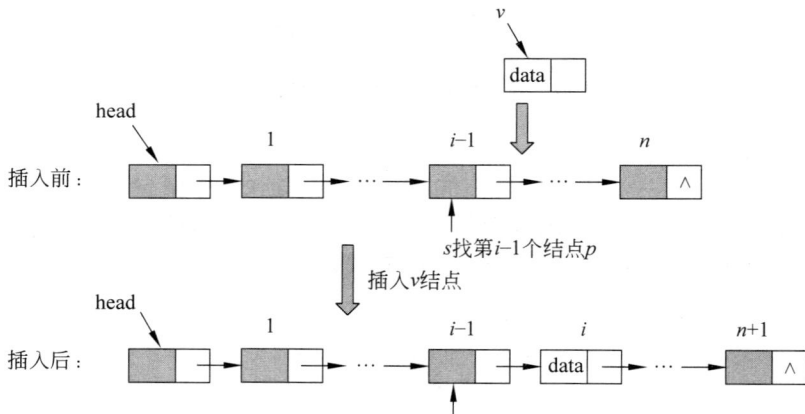

图 2.19　单链表上的插入操作

算法分析思路如下。

a. 声明一结点 s 指向链表第一个结点，初始化 j 从 –1 开始；

b. 当 $j<i–1$ 时，就遍历链表，让 s 的指针向后移动，不断指向下一结点，j 累加 1；

c. 若到链表末尾 s 为空，则说明第 i 个元素不存在；

d. 否则查找成功，在系统中生成一个空结点 v；

e. 将数据元素 data 赋值给 v 的数据域；

f. 执行上面解释的插入操作；

g. 返回成功。

实现代码如下。

```
public void insert(int i,int data) throws Exception{
  Node s=head;
  int j=-1;
  while(j<i-1&&s!=null){
    ++j;
    s=s.getNext();
  }
  if(j>i-1||s==null){
    throw new Exception(" 插入位置不合法 !!!");
  }
  Node v=new Node(data);
  v.setNext(s.getNext());
  s.setNext(v);
}
```

⑥ 删除。了解了单链表的插入操作后，接下来学习与插入操作对应的删除操作，删除相当于插入的反过程。先来看看删除的关键操作，如图 2.20 所示。

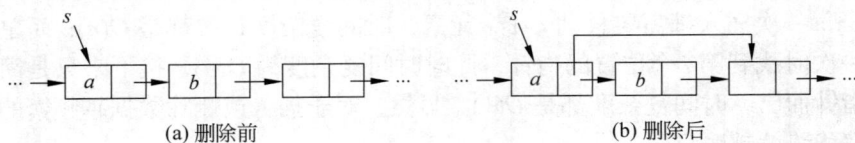

(a) 删除前　　　　　　　　　　　　(b) 删除后

图 2.20　单链表上的删除核心操作

删除操作核心代码为 s.setNext(s.getNext( ).getNext( ))，但事实是，经常要做的操作是删除表中第 i 个元素，所以要先查找到第 i 个元素再做删除操作。删除操作如图 2.21 所示。

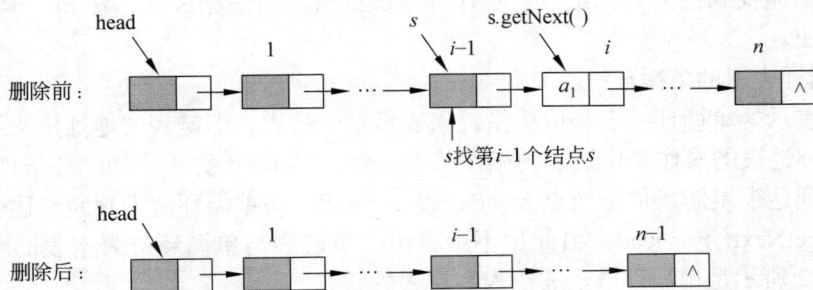

图 2.21　单链表上的删除操作

由图 2.21 可以看出，删除 a_i 元素，其实就是将 a_{i-1} 的地址域改成 a_{i+1} 的地址。同样的道理，现实中的删除操作大都是删除单链表中第 i 个数据结点，算法思路如下。

a. 声明一结点 s 指向链表第一个结点，初始化 j 从 –1 开始；

b. 当 $j < i-1$ 时，就遍历链表，让 s 的指针向后移动，不断指向下一个结点，j 累加 1；

c. 若到链表末尾 s 为空，则说明第 i 个元素不存在；

d. 否则查找成功，执行单链表的删除标准语句；

e. 返回成功。

实现代码如下。

```
public void remove(int i)throws Exception{
  Node s=head;
  int j=-1;
  while(j<i-1&&s.getNext()!=null){
    s=s.getNext();
    ++j;
  }
  if(j>i-1||s.getNext()==null){
    throw  new Exception("删除位置不合法!!!");
  }
  s.setNext(s.getNext().getNext());
}
```

分析一下刚才讲解的单链表插入和删除算法，可以发现，它们其实都是由两部分组成：第一部分就是遍历查找第 i 个元素；第二部分就是插入和删除元素。

对整个算法进行分析，很容易发现：它们的时间复杂度都是 $O(n)$。如果在不知道第 i 个元素指针位置的情况下，单链表数据结构在插入和删除操作上，比起线性表的顺序存储结构是没有太大优势的。但如果希望从第 i 个位置，插入 10 个元素，对于顺序存储结构意味着，每一次插入都需要移动 $n-i$ 个元素，时间复杂度每次都是 $O(n)$；而单链表，只需要在第一次时找到第 i 个位置的指针，此时时间复杂度为 $O(n)$，接下来只是简单地通过赋值移动指针而已，时间复杂度都是 $O(1)$。显然，对于插入或删除数据越频繁的操作，单链表的效率优势就越明显。

2. 单循环链表

单循环链表也是一种链式存储结构，是在单链表的基础上增加了限制，即最后一个结点指向头结点，形成一个环。因此，从循环链表中的任何一个结点出发都能找到任何其他结点。单循环链表的表示有头指针表示法和尾指针表示法。

单循环链表
及基本操作

1）头指针表示的单循环链表

头指针表示的单循环链表是以头指针来表示整个链表，即链表的地址用头结点地址来表示。单循环链表的操作和单链表的操作基本一致，差别在于算法中的循环条件有所不同，单链表判断到达表尾的条件是结点 p.getNext( )==null，而单循环链表判断到达表尾的条件是头结点 p.getNext( )==head。由此也不难看出，单链表与单循环链表空表的状态也有所不同。图 2.22 所示是单循环链表非空表和空表的状态。

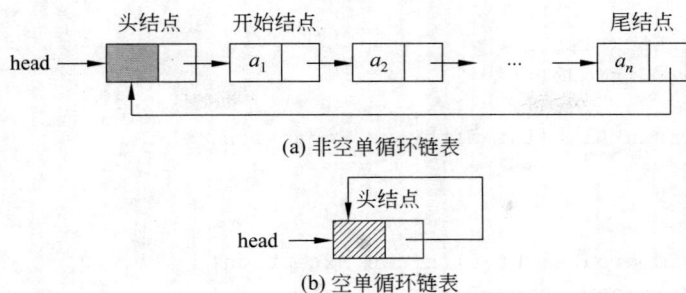

(a) 非空单循环链表

(b) 空单循环链表

图 2.22　单循环链表

为此，给出了单循环链表结点类 CirNode 的描述和单循环链表类 CirLinkList 的描述。由于单循环链表上的其他操作类似，所以这里只提供建立单循环链表的描述，其他删除、查找等操作省略，可以课后自行改写。

CirNode 类代码如下。

```java
public class CirNode {
  private int data;
  private CirNode next;
  public CirNode(){
    this.data=0;
    this.next=this;
  }
  public CirNode(int data){
    this(data,null);
  }
  public CirNode(int data,CirNode next){
    this.data=data;
    this.next=next;
  }
  public void setData(int data){
    this.data=data;
  }
  public int getData(){
    return  data;
  }
  public void setNext(CirNode next){
    this.next=next;
  }
  public CirNode getNext(){
    return  next;
  }
}
```

CirLinkList 类代码如下。

```java
import java.util.Scanner;
public class CirLinkList {
  private CirNode head;
```

```
public CirLinkList(){
  head=new CirNode();
}
public CirLinkList(int n)throws Exception{
  this();
  create(n);
}
public void create(int n)throws Exception{
  Scanner sc=new Scanner(System.in);
  for(int i=0;i<n+1;i++){
    System.out.print("请输入单循环链表第"+i+"个元素值: ");
    insert(i,sc.nextInt());
  }
}
public void insert(int i,int data) throws Exception{
  CirNode s=head;
  int j=-1;
  while(j<i-1&&s.getNext()!=head){
    ++j;
    s=s.getNext();
  }
  if(j>i-1||s.getNext()==head){
    throw new Exception("插入位置不合法!!!");
  }
  CirNode v=new CirNode(data);
  v.setNext(s.getNext());
  s.setNext(v);
}
public void display(){
  CirNode s=head.getNext();
  while(s!=head){
    System.out.print(s.getData()+",");
    s=s.getNext();
  }
  System.out.println();
}
public static void main(String args[])throws Exception{
  Scanner sc=new Scanner(System.in);
  System.out.print("请输入表长!!!");
  int i=sc.nextInt();
  CirLinkList aa=new CirLinkList(i);
  aa.display();
}
}
```

2）尾指针表示的单循环链表

尾指针表示的单循环链表是以尾结点地址来表示链表的地址。用尾指针 rear 表示的单循环链表对开始结点 a_1 和终端结点 a_n 的查找时间都是 $O(1)$，而表的操作常常是在表的首尾位置上进行，因此，实际上多采用尾指针表示单循环链表。尾指针表示的单循环链表如

图 2.23 所示。

由于操作的不同需要，可根据具体情况选择头指针表示的单循环链表和尾指针表示的单循环链表。如果操作经常在表头进行，则可以选择头指针表示的单循环链表，如果操作经常在表头和表尾进行，则可以选择尾指针表示的单循环链表。

3. 双向链表

1）双向链表的定义

前面介绍了单链表，现在开始介绍双向链表结构。如果充分理解了单向链表的结构，那对双向链表结构的理解也就不再困难，换个角度而言，双向链表是单向链表的扩展，如果从数据结构代码的定义上来看，双向链表需要维护 3 个区域，即数据域 (data)、前驱地址域 (prior) 和后继地址域 (next)。与单向链表结构相比较，双向链表结构在程序代码中需要多维护一个 prior 指针域，所以当访问过一个结点后，既可以依次向后访问后面的结点，也可以依次向前访问前面的结点。双向链表的结点表示如图 2.24 所示。

双向链表及
基本操作

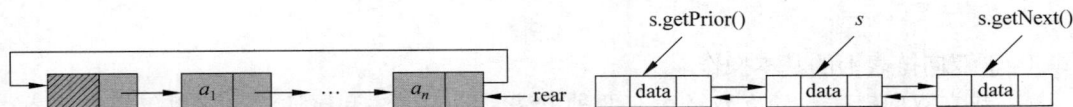

图 2.23　尾指针表示的单循环链表　　　图 2.24　双向链表结点示意图

由图 2.24 可以看出，已知某结点地址 s，那么表示结点前驱和后继结点都非常容易，前驱结点地址为 s.getPrior( )，后继结点地址为 s.getNext( )。同样，本结点 s 地址既存储在前驱结点的 next 域里，也存储在后继结点的 prior 域里，表示为 s=s.getPrior( ).getNext( )=s.getNext( ).getPrior( )。

2）双向链表上的操作及实现

（1）双向链表结点类的定义声明。接下来看双向链表类的定义，可参考前面单链表结点的定义，只在其基础上增加了 prior 属性，代码如下。

```java
public class DNode {
  private int data;
  private DNode prior;
  private DNode next;
  public DNode(){
    this(null,0,null);
  }
  public DNode(int data){
    this(null,data,null);
  }
  public DNode(DNode prior,int data,DNode next){
    this.prior=prior;
    this.data=data;
    this.next=next;
  }
  public void setData(int data){
```

```
      this.data=data;
    }
    public int getData(){
      return  data;
    }
    public void setNext(DNode next){
      this.next=next;
    }
    public DNode getNext(){
      return  next;
    }
    public void setPrior(DNode prior){
      this.prior=prior;
    }
    public DNode getPrior(){
      return  prior;
    }
  }
```

（2）双向链表上的基本操作。

① 建立双向链表。建立双链表有两种方法，即头插法和尾插法。这里仅提供尾插法建立双向链表的代码，头插法建立双向链表的方法与建立单链表的方法类似，读者可自行编写。尾插法建立双向链表的代码如下。

```
public class DLinkList {
  private DNode head;
  public DLinkList(){
    head=new DNode();
  }
  public DLinkList(int n)throws Exception{
    this();
    create(n);
  }
  public void create(int n)throws Exception{
    Scanner sc=new Scanner(System.in);
    for(int i=0;i<n;i++){
      System.out.print("请输入双向链表第 "+i+" 个元素值：");
      insert(i,sc.nextInt());
    }
  }
  public void insert(int i,int data) throws Exception{
    DNode s=head;
    int j=-1;
    while(j<i-1&&s!=null){
      ++j;
      s=s.getNext();
    }
    if(j>i-1||s==null){
      throw new Exception("插入位置不合法！！！");
```

```
    }
    DNode v=new DNode(data);
    v.setNext(s.getNext());
    if(s.getNext()!=null){
    s.getNext().setPrior(v);}
    v.setPrior(s);
    s.setNext(v);
  }
  public void display(){
    DNode s=head.getNext();
    while(s!=null){
      System.out.print(s.getData()+",");
      s=s.getNext();
    }
    System.out.println();
  }
  public static void main(String args[])throws Exception{
    Scanner sc=new Scanner(System.in);
    System.out.print("请输入表长!!!");
    int i=sc.nextInt();
    DLinkList aa=new DLinkList(i);
    aa.display();
  }
}
```

② 插入。同单链表的插入一样，双向链表的插入操作只需要修改几个结点的地址域。插入过程如图 2.25 所示，总共需要修改 4 个地址域，分别如下。

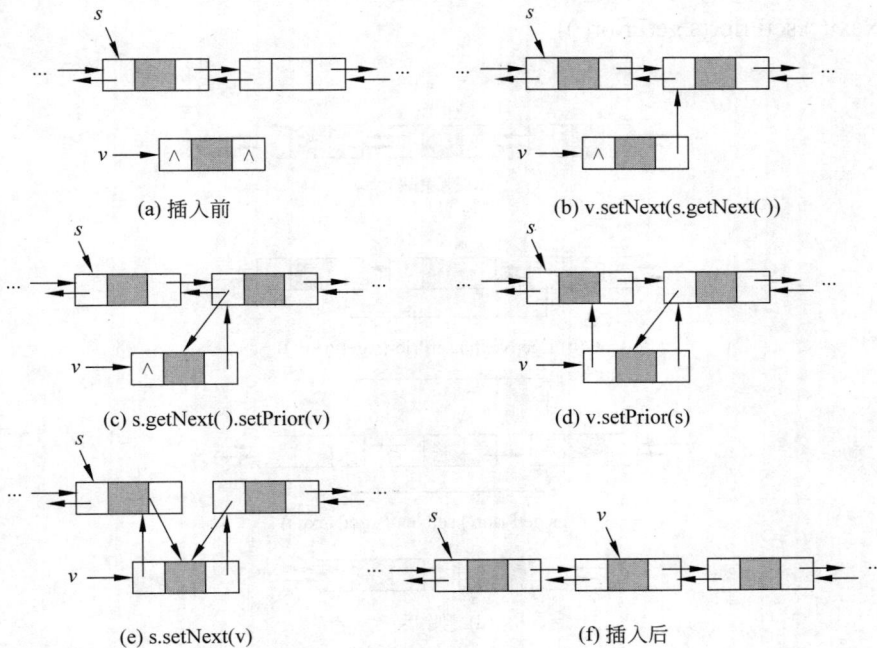

(a) 插入前

(b) v.setNext(s.getNext( ))

(c) s.getNext( ).setPrior(v)

(d) v.setPrior(s)

(e) s.setNext(v)

(f) 插入后

图 2.25 双向链表插入结点过程

v.setNext(s.getNext( ));

s.getNext( ).setPrior(v);

v.setPrior(s);

s.setNext(v)。

同单链表的插入一样，先要查找插入位置，才可进行插入操作，算法代码如下。

```
public void insert(int i,int data) throws Exception{
  DNode s=head;
  int j=-1;
  while(j<i-1&&s!=null){
    ++j;
    s=s.getNext();
  }
  if(j>i-1||s==null){
    throw new Exception(" 插入位置不合法 !!!");
  }
  DNode v=new DNode(data);
  v.setNext(s.getNext());
  if(s.getNext()!=null){
  s.getNext().setPrior(v);}
  v.setPrior(s);
  s.setNext(v);
}
```

③ 删除。假设要删除结点 s，那么实现删除操作只需要修改两个地址域，过程如图 2.26 所示，需要修改的地址域分别如下。

s.getPrior( ).setNext(s.getNext( ));

s.getNext( ).setPrior(s.getPrior( ))。

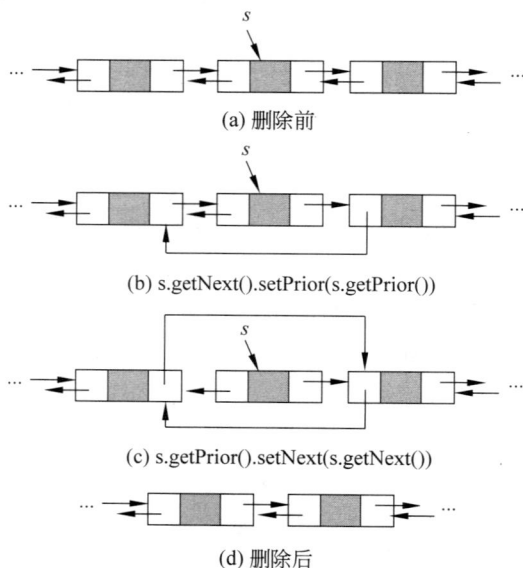

(a) 删除前

(b) s.getNext().setPrior(s.getPrior())

(c) s.getPrior().setNext(s.getNext())

(d) 删除后

图 2.26 双向链表删除结点过程

同单链表的删除一样，先要查找删除位置，才可进行删除操作，算法代码如下。

```java
public void remove(int i)throws Exception{
  DNode s=head;
  int j=-1;
  while(j<i-1&&s.getNext()!=null){
    s=s.getNext();
    ++j;
  }
  if(j>i-1||s.getNext()==null){
    throw  new Exception("删除位置不合法!!!");
  }
  s.getPrior().setNext(s.getNext());
  s.getNext().setPrior(s.getPrior());
}
```

双向链表上的其余操作可参考以上代码自行完成。

4. 循环双向链表

带头结点 head 的循环双向链表如图 2.27 所示，尾结点的 next 域指向头结点，头结点的 prior 域指向尾结点，其特点是整个链表形成两个环。由此，从表中任一结点出发均可找到链表中其他结点。

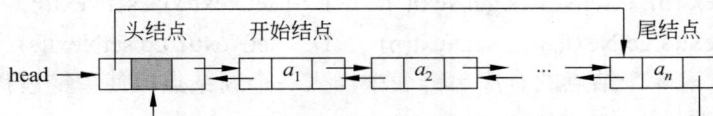

图 2.27　带头结点 head 的循环双向链表

循环双向链表的结点类型定义与非循环双向链表相同，每个结点的类型仍为 DNode，只是初始化有所不同。循环双链表结点类定义如下。

```java
public class DNode {
  private int data;
  private  DNode prior;
  private  DNode next;
  public DNode(){
    this.data=0;
    this.prior=this;
    this.next=this;
  }
  public DNode(int data){
    this(null,data,null);
  }
  public DNode(DNode prior,int data,DNode next){
    this.prior=prior;
    this.data=data;
    this.next=next;
  }
  ...
}
```

　　循环双向链表的基本运算实现算法与非循环双向链表的相似，只是对表尾的判断作了改变。例如，在循环双向链表 head 中，判断表尾结点 s 的条件是 s.getNext( )==head，另外，可以从头结点直接跳到尾结点。

巩固基础

2.2.3　巩固基础

　　1. 链式存储结构的最大优点是（　　　）。
　　　　A. 便于随机存取　　　　　　　　　　B. 存储密度高
　　　　C. 无须预分配空间　　　　　　　　　D. 便于进行插入和删除操作
　　2. 在线性表中若经常要存取第 i 个数据元素及其前趋，则宜采用（　　　）存储方式。
　　　　A. 顺序表　　　　　　　　　　　　　B. 带头结点的单链表
　　　　C. 不带头结点的单链表　　　　　　　D. 循环单链表
　　3. 在链表中若经常要删除表中最后一个结点或在最后一个结点之后插入一个新结点，则宜采用（　　　）存储方式。
　　　　A. 顺序表　　　　　　　　　　　　　B. 用头指针标识的循环单链表
　　　　C. 用尾指针标识的循环单链表　　　　D. 双向链表
　　4. 在一个单链表中的 p 和 q 两个结点之间插入一个新结点，假设新结点为 s，则修改链的 Java 语句序列是（　　　）。
　　　　A. s.setNext(p); p.setNext(s.getNext( ))　　　B. q.setNext(s);s.setNext(p)
　　　　C. q.setNext(s.getNext( )); s.setNext(p)　　　D. s.setNext(q);p.setNext(s)
　　5. 在一个含有 n 个结点的有序单链表中插入一个新结点，使单链表仍然保持有序的算法的时间复杂度是（　　　）。
　　　　A. $O(1)$　　　　　　B. $O(\log_2 n)$　　　　　C. $O(n)$　　　　　D. $O(n^2)$
　　6. 在带头结点的双向循环链表中的 p 结点之后插入一个新结点 s，其修改链的 Java 语句序列是（　　　）。
　　　　A. p.setNext(s); s.setPrior(p); p.getNext( ).setPrior(s); s.setNext(p.getPrior( ))
　　　　B. p.setNext(s); p.getNext( ).setPrior(s); s.setPrior(p); s.setNext(p.getNext( ))
　　　　C. s.setPrior(p); s.setNext(p.getNext( )); p.setNext(s); p.getNext( ).setPrior(s)
　　　　D. s.setNext(p.getNext( )); s.setPrior(p); p.getNext( ).setPrior(s); p.setNext(s)
　　7. 单链表的存储密度是（　　　）。
　　　　A. 小于 1　　　　　　B. 等于 1　　　　　　C. 大于 1　　　　　　D. 不能确定
　　8. 对于下图所示的单链表，下列表达式值为真的是（　　　）。

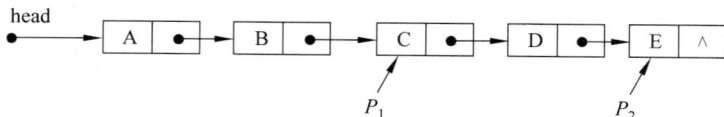

　　　　A. head.getNext().getData()=='C'　　　　　B. head.getData()=='B'
　　　　C. P_1.getData()=='D'　　　　　　　　　　D. P_2.getNext()==null
　　9. 单链表插入、删除操作的时间复杂度为（　　　）。
　　　　A. $O(1)$　　　　　　B. $O(n)$　　　　　　C. $O(\lg(n))$　　　　　D. $O(n^2)$

10. 单链表不具备的特点是（　　　）。
    A. 插入、删除数据不需要移动元素
    B. 存储密度小
    C. 链表长度可以动态增加
    D. 可以随机访问任一个元素

善　询　篇

2.2.4　头脑风暴

思考一下在现实生活中的哪些场景用到了链表，在应用过程中是否充分发挥了链式存储的优点，这种存储方式有没有缺点，应该如何改进？将心得记录到表 2.3 中，以防遗忘，也可分享出去，以获得更强的思维碰撞。学习中遇到的疑惑也可一并记录，问题是成长的阶梯，解决问题的过程就是思维进步的过程。

表 2.3　链式存储

我的想法	集思广益

笃　行　篇

2.2.5　案例分析

对于多项式的各种操作都可以利用线性表来处理，比较典型的是关于一元多项式的处理。在数学上，一个一元多项式 $P_n(x)$ 可按升幂的形式写成：$P_n(x)=p_0+p_1x+p_2x^2+p_3x^3+\cdots+p_nx^n$。它实际上可以由 $n+1$ 个系数唯一确定。因此，在计算机内，可以用一个线性表 P 来表示：$P=(p_0, p_1, p_2, \cdots, p_n)$，其中每一项的指数都隐含在其系数的序号里。

不难发现，在一元多项式指数很高，项数较少的情况下，用顺序存储方式会出现很多 0 元素，这造成了空间的极大浪费，而链表恰好能解决这个问题，所以一元多项式的存储常用链式存储方式来实现。

一元多项式加法运算的实现思路是：通过键盘输入一组多项式的最高指数，然后从指数为 0 的项开始依次输入其系数。也就是最高指数为表长，把系数作为链表里的元素建立两个待计算的单链表 aa 和 bb，然后设定一个变量去遍历两个表，当两个表都未到表尾，且表内同指数的系数都不为 0 时，做相加操作后将系数值存在结果的单链表 cc 中，如此重复操作直到一个表先遍历完，将剩下数据的表里的数据直接存储到结果线性表 cc 内。

2.2.6　案例实现

单链表结点 Node 类的代码如下。

```java
public class Node {
  private int data;
  private  Node next;
  public Node(){
    this(0,null);
  }
  public Node(int data){
    this(data,null);
  }
  public Node(int data,Node next){
    this.data=data;
    this.next=next;
  }
  public void setData(int data){
    this.data=data;
  }
  public int getData(){
    return  data;
  }
  public void setNext(Node next){
    this.next=next;
  }
  public Node getNext(){
    return  next;
  }
}
```

单链表结点 LinkList 类的代码如下。

```java
import java.util.Scanner;
public class LinkList {
  private Node head;
  public LinkList(){
    head=new Node();
  }
  public LinkList(int n)throws Exception{
    this();
    create(n);
  }
  public void create(int n)throws Exception{
    Scanner sc=new Scanner(System.in);
    for(int i=0;i<n+1;i++){
      System.out.print("第" +i+" 次方的系数为：");
      insert(i,sc.nextInt());
    }
  }
  public void clear(){
```

```
    head.setData(0);
    head.setNext(null);
}
public boolean isEmpty(){
    return head.getNext()==null;
}
public int length(){
    Node s=head.getNext();
    int i=0;
    while(s!=null){
        s=s.getNext();
        ++i;
    }
    return  i;
}
public void insert(int i,int data) throws Exception{
    Node s=head;
    int j=-1;
    while(j<i-1&&s!=null){
        ++j;
        s=s.getNext();
    }
    if(j>i-1||s==null){
        throw new Exception("插入位置不合法！！！");
    }
    Node v=new Node(data);
    v.setNext(s.getNext());
    s.setNext(v);
}
public void remove(int i)throws Exception{
    Node s=head;
    int j=-1;
    while(j<i-1&&s.getNext()!=null){
        s=s.getNext();
        ++j;
    }
    if(j>i-1||s.getNext()==null){
        throw  new Exception("删除位置不合法！！！");
    }
    s.setNext(s.getNext().getNext());
}
public int get(int i)throws Exception{
    Node s=head.getNext();
    int j=0;
    while(j<i&&s!=null){
        s=s.getNext();
        ++j;
    }
    if(j>i||s==null){
        throw new Exception("该结点不存在");
```

```
    }
      return s.getData();
    }
  public int indexOf(int x)throws Exception{
    Node s=head;
    int j=-1;
    while(s!=null&&s.getData()!=x){
      s=s.getNext();
      ++j;
    }
    if(s==null){
      throw new Exception("找不到该结点!!!");
    }
    return j;
  }
  public void display(){
    Node s=head.getNext();
    int i=0;
    while(s!=null){
      if(i==0){
        System.out.print("="+s.getData()+"*X^("+i+")" );
      }else
        System.out.print("+"+s.getData()+"*X^("+i+")" );
      s=s.getNext();
      ++i;
    }
    System.out.println();
  }
  public void add(LinkList a,LinkList b)throws Exception{
    int p=a.length();
    int q=b.length();
    for(int i=0;i<Math.max(p,q);i++){
      if(p>=q){
        if(i<q){
          if(i==0){
            System.out.print("="+(a.get(i)+b.get(i))+"*X^("+i+")" );
          }else
            System.out.print("+"+(a.get(i)+b.get(i))+"*X^("+i+")" );
        }
        else
          System.out.print("+"+a.get(i)+"*X^("+i+")" );
      }
      else{
        if(i<p){
          if(i==0){
            System.out.print("="+(a.get(i)+b.get(i))+"*X^("+i+")" );
          }else
            System.out.print("+"+(a.get(i)+b.get(i))+"*X^("+i+")" );
        }
```

```
        else
          System.out.print("+"+b.get(i)+"*X^("+i+")" );
      }
    }
  }
}
```

实现多项式加法 polynomialAdd 类的代码如下。

```
import java.util.Scanner;
public class polynomialAdd {
  public static void main(String args[])throws Exception{
    Scanner sc=new Scanner(System.in);
    System.out.print(" 请输入第一个多项式的最高项的次方数！！！");
    int i=sc.nextInt();
    LinkList aa=new LinkList(i);
    aa.display();
    System.out.print(" 请输入第二个多项式的最高项的次方数！！！");
    int j=sc.nextInt();
    LinkList bb=new LinkList(j);
    bb.display();
    LinkList cc=new LinkList();
    cc.add(aa,bb);
  }
}
```

运行结果如下。

```
请输入第一个多项式的最高项的次方数！！！4
第 0 次方的系数为：5
第 1 次方的系数为：1
第 2 次方的系数为：0
第 3 次方的系数为：6
第 4 次方的系数为：3
=5×X^(0)+1×X^(1)+0×X^(2)+6×X^(3)+3×X^(4)
请输入第二个多项式的最高项的次方数！！！3
第 0 次方的系数为：2
第 1 次方的系数为：4
第 2 次方的系数为：3
第 3 次方的系数为：7
=2×X^(0)+4×X^(1)+3×X^(2)+7×X^(3)
=7×X^(0)+5×X^(1)+3×X^(2)+13×X^(3)+3×X^(4)
```

2.2.7　总结提高

　　线性表能解决的问题还有很多，如学生成绩管理、图书管理等管理系统，以及与猴子选大王类似的约瑟夫环问题等，读者可以尝试编写实现。

　　顺序表和链表各有所长，在实际应用中要根据具体问题的要求和性质来决定使用哪种。通常有以下几方面的考虑，如表 2.4 所示。

表 2.4　顺序表和链表比较

项目		顺　序　表	链　表
基于空间考虑	分配方式	静态分配。程序执行之前必须明确规定存储规模。若线性表长度 n 变化较大，则存储规模难以预先确定，估计过大将造成空间浪费，估计太小又将使空间溢出机会增多	动态分配，只要内存空间尚有空闲，就不会产生溢出。因此，当线性表的长度变化较大，难以估计其存储规模时，宜采用动态链表作为存储结构
	存储密度	为 1。当线性表的长度变化不大，易于事先确定其大小时，为了节约存储空间，宜采用顺序表作为存储结构	<1
基于时间考虑	存取方法	对表中任一结点都可在 O（1）时间内直接取得。线性表的操作主要是进行查找。很少做插入和删除操作时，采用顺序表做存储结构为宜	链表中的结点，需从头指针起顺着链扫描才能取得
	插入删除操作	在顺序表中进行插入和删除操作时，平均要移动表中近一半的结点，尤其是当每个结点的信息量较大时，移动结点的时间开销相当可观	在链表中的任何位置上进行插入和删除，都只需要修改指针。对于频繁进行插入和删除的线性表，宜采用链表做存储结构。若表的插入和删除主要发生在表的首尾两端，则采用尾指针表示的单循环链表为宜

存储密度（storage density）是指结点数据本身所占的存储量和整个结点结构所占的存储量之比，即存储密度 = 结点数据本身所占的存储量 / 结点结构所占的存储总量。

总之，两种存储结构各有优势，选择哪一种存储方式应由实际问题决定。通常"较稳定"的线性表宜选择顺序存储，而频繁做插入删除（动态性较强）的线性表宜选择链式存储。

能力拓展

1. 编写一个顺序表类的成员函数，实现对顺序表就地逆置的操作。所谓逆置，就是把（a_1，a_2，…，a_n）变成（a_n，a_{n-1}，…，a_1）；所谓就地，就是指逆置后的数据元素仍存储在原来顺序表的存储空间中，即不为逆置后的顺序表另外分配存储空间。

2. 编写一个顺序表类的成员函数，实现对顺序表循环右移 k 位的操作，即原来顺序表为（a_1，a_2，…，a_{n-k}，a_{n-k+1}，…，a_n），循环向右移动 k 位后变成（a_{n-k+1}，…，a_n，a_1，a_2，…，a_{n-k}）。要求时间复杂度为 $O(n)$。

3. 编写一个单链表类的成员函数，实现在非递减的有序单链表中插入一个值为 x 的数据元素，并使单链表仍保持有序的操作。

4. 假设分别以两个元素值递增有序的线性表 A、B 表示两个集合（即同一线性表中的元素各不相同），现要求构成一个新的线性表 C，C 表示集合 A 与 B 的交，且 C 中元素也递增有序。试分别以顺序表和单链表为存储结构，编写实现上述运算的算法。

第 3 章

栈 和 队 列

学习目标

【知识目标】

1. 掌握栈的逻辑结构特点以及相关术语。
2. 会定义顺序栈，掌握顺序栈上的操作。
3. 会定义链栈，掌握链栈上的操作。
4. 掌握队列的逻辑结构特点以及相关术语。
5. 会定义顺序队列，掌握顺序队列上的操作。
6. 会定义链队列，掌握链队列上的操作。

【能力目标】

1. 能够用栈数据结构解决相关实际问题。
2. 能够用队列数据结构解决相关实际问题。
3. 学会选择合适的数据结构和适当的存储解决问题。
4. 具有初步算法分析和设计的能力。
5. 培养良好的程序设计风格、编程和调试技巧。

【素质目标】

1. 践行社会主义核心价值观，培养学生文明的基本素养。
2. 培养学生开拓创新和进取的精神。
3. 培养学生精益求精的工匠精神。

学习效果

	知 识 内 容	掌 握 程 度	存 在 疑 问
	栈的逻辑结构特点		
	顺序栈的定义		
1.栈	顺序栈上的操作		
	链栈的定义		
	链栈上的操作		

续表

知 识 内 容		掌 握 程 度	存 在 疑 问
	队列的逻辑结构特点		
	顺序队列的定义		
2. 队列	顺序队列上的操作		
	链队列的定义		
	链队列上的操作		

3.1　分隔符匹配——顺序栈

勤 学 篇

在应用软件中，栈这种后进先出的数据结构应用非常普遍。如用浏览器浏览网页时，不管什么浏览器都有一个"后退"键，单击后可以按访问顺序的逆序加载浏览过的网页。又如，某人本来看着新闻好好的，突然看到一个年薪 100 万元的工作链接，他毫不犹豫地单击它，跳转进去看，之后如果还想回去继续看新闻，就可以单击"后退"键。即使从一个网页开始，连续点了几十个链接跳转，再单击"后退"时，还是可以像历史倒退一样，回到之前浏览过的某个页面。

很多类似的软件，如文字编辑软件或图像编辑软件中，都有撤销的操作，它们也是用栈这种方式来实现的，当然不同的软件具体实现代码会有很大差异，不过原理其实都是一样的，这就是栈。

读者在使用计算机时有没有这样的经历？计算机处于疑似死机的状态，什么操作都没有反应。当读者失去耐心，打算重启时，突然就像酒醒了一样，把刚才所有操作全部按顺序执行了一遍。这其实是因为操作系统中的多个程序因需要通过一个通道输出，而按先后顺序排队等待造成的。

像移动、联通、电信等客服电话，客服人员与客户相比总是少数，在所有的客服人员都占线的情况下，客户会被要求等待，直到有某个客服人员空闲下来，才能让最先等待的客户接通电话。这里也是将所有当前拨打客服电话的客户进行了排队处理。

操作系统和客服系统中，都是应用了一种数据结构来实现刚才提到的先进先出的排队功能，这就是队列。

本章借助几个案例学习栈和队列这两种特殊的线性数据结构。

3.1.1　案例说明

Java 编译器经常需要检查程序的语法错误，但由于应该成对出现的符号缺失一个的情况频繁出现，如花括号或注释符的缺失等，会导致编译器忽略上百行的代码而找不到真正的语法错误。

这种情况下检查分隔符是否匹配的程序是一个非常有用的工具，也就是说，每一个右花括号、方括号、圆括号都必须匹配一个左花括号、方括号、圆括号。例如，序列 [( )] 是合法的，但是 [(]) 就是错误的。很明显不必为此编写一个复杂的程序，但可以使用工具使检验变得容易。因此可以编写判断程序中分隔符是否匹配的程序，如 Java 程序中的分隔符圆括号 "（" 和 "）"、方括号 "[" 和 "]"、大括号 "{" 和 "}" 以及注释分隔符 "/*" 和 "*/"。

3.1.2　知识储备

1. 栈的定义

栈（stack）是一种只能在一端进行插入或删除操作的线性表。表中允许进行插入、删除操作的一端称为栈顶（top）。栈顶的当前位置是动态的，由一个称为栈顶指针的位置指示器来指示。表的另一端称为栈底（bottom）。当栈中没有数据元素时，称为空栈。

栈的插入操作通常称为进栈或入栈，栈的删除操作通常称为退栈或出栈。

栈的主要特点是"后进先出"，即后进栈的元素先弹出。每次进栈的数据元素都放在原当前栈顶元素之前成为新的栈顶元素，每次出栈的数据元素都是原当前栈顶元素。栈也称为后进先出表。

第 2 章讲解的线性表的插入删除操作可以在表的任何位置进行，不管是表头表尾还是表中间的任何位置，而栈的插入删除操作只能在一端进行，所以栈是一种特殊的线性表。

图 3.1 是栈的动态示意图，图中箭头表示当前栈顶元素的位置。图 3.1（a）表示空栈，图 3.1（b）表示数据元素 a 进栈以后的状态，图 3.1（c）表示数据元素 b、c、d 进栈以后的状态，图 3.1（d）表示数据元素 d 出栈以后的状态。

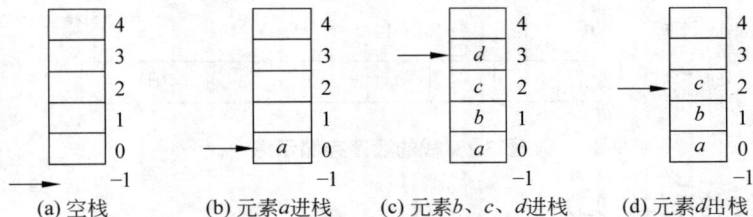

图 3.1　栈的动态示意图

【例 3.1】 设将整数 1，2，3，4 依次进栈，但只要出栈时栈非空，则可将出栈操作按任何次序夹入其中，请回答下述问题。

（1）若入、出栈顺序为 Push(1) → Pop( ) → Push(2) → Push(3) → Pop( ) → Pop( ) → Push(4) → Pop( )，则出栈的数字序列为何（这里 Push(i) 表示 i 进栈，Pop( ) 表示出栈）?

（2）能否得到出栈序列 1423 和 1432? 并说明为什么不能得到或者如何得到。

（3）请分析 1,2,3,4 的 24 种排列中,哪些序列是可以通过相应的入出栈操作得到的?

解:

（1）出栈序列为 1324。

（2）不能得到 1423 序列。因为要得到 14 的出栈序列，则应做 Push(1) → Pop( ) → Push(2) → Push(3) → Push(4) → Pop( )。这样，3 在栈顶，2 在栈底，所以不能得到 23 的

出栈序列；能得到 1432 的出栈序列。具体操作为 Push(1) → Pop( ) → Push(2) → Push(3) → Push(4) → Pop( ) → Pop( ) → Pop( )。

（3）在 1，2，3，4 的 24 种排列中，可通过相应入出栈操作得到的序列是：1234，1243，1324，1342，1432，2134，2143，2314，2341，2431，3214，3241，3421，4321；不能得到的序列是：1423，2413，3124，3142，3412，4123，4132，4213，4231，4312。

2. 栈的顺序存储以及顺序栈上的基本操作的实现

1）顺序栈类的描述

同线性表一样，栈可以采用顺序存储也可采用链式存储。顺序栈也是用数组来实现的，假设数组名为 data，由于出栈和入栈操作只能在栈顶进行，所以需要一个变量 top 来指示栈顶元素的位置，空栈时 top= −1，非空栈时指向栈顶元素存储位置的下一个存储单元位置。栈的顺序存储类 SqStack 定义如下。

```
public class SqStack {
  private Object[] data;              // 栈存储空间
  private int top;      // 非空栈中始终表示栈顶元素的下一个位置，当栈为空时其值为 0
  // 栈的构造函数，构造一个存储空间容量为 maxSize 的栈
  public SqStack(int maxSize) {
    top = -1;              // 初始化 top 为 -1
    data = new Object[maxSize];        // 为栈分配 maxSize 个存储单元
  }
}
```

存储状态如图 3.2 所示。

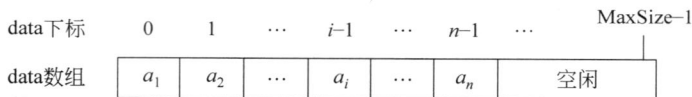

data下标	0	1	⋯	$i-1$	⋯	$n-1$	⋯	MaxSize−1
data数组	a_1	a_2	⋯	a_i	⋯	a_n	空闲	

图 3.2　栈的顺序存储示意

2）顺序栈上的操作的实现

根据栈的特性，栈上的基本操作如下。

（1）置栈空操作 clear( )。将一个已经存在的栈置成空栈。

（2）判断栈空操作 isEmpty( )。判断一个栈是否为空，若栈为空则返回 true；否则，返回 false。

（3）求栈中数据元素个数操作 length( )。返回栈中数据元素的个数。

（4）取栈顶元素操作 peek( )。读取栈顶元素并返回其值，若栈为空则返回 null。

（5）入栈操作 push(x)。将数据元素 x 压入栈顶。

（6）出栈操作 pop( )。删除并返回栈顶元素。

为了实现以上操作，需抓住以下关键问题。

① 初始时置栈顶指针 top= −1；

② 栈空的条件为 top== −1；

③ 栈满的条件为 top==maxSize –1；

④ 元素 x 进栈操作是先将栈顶 top 值增 1，然后将元素 x 放在栈顶 top 位置处；

⑤ 出栈操作是先将栈顶指针处的元素取出，然后将栈顶指针减 1。

具体代码如下。

（1）置栈空操作 clear( )。

```
public void clear() {
  top = -1;
}
```

（2）判断栈空操作 isEmpty( )。

```
public boolean isEmpty() {
  return top == -1;
}
```

（3）求栈中数据元素个数操作 length( )。

```
public int length() {
  return top+1;
}
```

（4）取栈顶元素操作 peek( )。

算法描述如下。

① 判断顺序栈是否为空，若为空则返回空值；

② 若栈不空，取栈顶元素并返回其值，不修改栈顶指针。

代码实现如下。

```
// 查看栈顶对象而不移除它，返回栈顶对象
public Object peek() {
  if (!isEmpty())                    // 栈非空
    return data[top];                // 栈顶元素
  else
    // 栈为空
    return null;
}
```

（5）入栈操作 push(x)。插入元素 x 使其成为顺序栈中新的栈顶元素，操作如图 3.3 所示。

图 3.3　入栈操作示意图

算法描述如下。

① 判断顺序栈是否为满，若满则抛出异常；

② 若栈不满，则修改栈顶指针，并将新元素 x 压入栈顶。

代码实现如下。

```
// 把项压入栈顶
public void push(Object x) throws Exception {
  if (top == data.length-1)                    // 栈满
    throw new Exception(" 栈已满 ");            // 输出异常
  else
    // 栈未满
    top++;
    data[top] = x;                             // x 赋给栈顶元素后，top 增 1
}
```

（6）出栈操作 pop( )。将栈顶元素从栈中移去，并返回被移去的栈顶元素值，操作如图 3.4 所示。

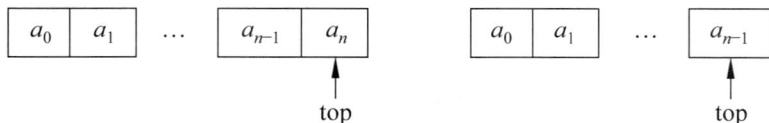

图 3.4   出栈操作示意图

算法描述如下。

① 判断顺序栈是否为空，若为空则返回空值；

② 若栈不空，移去栈顶元素并返回其值。

代码实现如下。

```
// 移除栈顶对象并作为此函数的值返回该对象
public Object pop() {
  if (top == -1)                    // 栈为空
    return null;
  else {                            // 栈非空
    Object e=data[top];
    top--;
    return e;                       // 修改栈顶指针，并返回栈顶元素
  }
}
```

3.1.3 巩固基础

巩固基础

1. 若将整数 1、2、3、4 依次进栈，则不可能得到的出栈序列是（   ）。

    A. 1234　　　　　　　　　　　　　B. 1324

    C. 4321　　　　　　　　　　　　　D. 1423

2. 栈是一种（   ）数据结构。

    A. 线性　　　　　B. 树型　　　　　C. 图形　　　　　D. 集合

3. 设有三个元素 x、y、z 顺序进栈（进的过程中允许出栈），下列得不到的栈排列是（   ）。

    A. xyz　　　　　B. yzx　　　　　C. zxy　　　　　D. zyx

4. 若已知一个栈的入栈序列是 1，2，3，…，30，则输出序列是 p1, p2, p3, …，pn。若 p1=30，则 p10 为（　　）。

  A. 11　　　　　　B. 20　　　　　　C. 30　　　　　　D. 21

5. 有六个元素 6，5，4，3，2，1 顺序进栈，（　　）不是合法的出栈序列。

  A. 5 4 3 6 1 2　　B. 4 5 3 2 1 6　　C. 3 4 6 5 2 1　　D. 2 3 4 1 5 6

6. 在非空顺序栈中，若用 top 来指向栈顶，那么出栈操作时 top 的值应该执行（　　）。

  A. top++　　　　B. top--　　　　C. top==maxSize　　D. top==maxSize–1

7. 在非空顺序栈中，若用 top 来指向栈顶，那么入栈操作时 top 的值应该执行（　　）。

  A. top++　　　　B. top--　　　　C. top==maxSize　　D. top==maxSize–1

8. 在顺序栈的操作中，入栈操作首先要判断（　　）。

  A. 栈是否已满　　B. 栈是否为空　　C. 栈内元素类型　　D. 栈顶元素的值

9. 在顺序栈的操作中，出栈操作首先要判断（　　）。

  A. 栈是否已满　　B. 栈是否为空　　C. 栈内元素类型　　D. 栈顶元素的值

10. 设有 5 个元素进栈序列是 a、b、c、d、e，其输出序列是 c、e、d、b、a，则该栈的容量至少是（　　）。

  A. 1　　　　　　B. 2　　　　　　C. 3　　　　　　D. 4

善　询　篇

3.1.4　头脑风暴

  栈作为一种数据结构，能够解决多种应用问题，包括但不限于函数调用、表达式求值、系统调用、缓存机制、代码编辑器的括号匹配、进制转换等。通过对栈的学习你能想到它可以帮你解决生活中的哪些痛点问题？或者你想到了哪些问题也可以由栈来解决？将心得记录到表 3.1 中，以防遗忘，也可分享出去，以获得更强的思维碰撞。学习中遇到的疑惑也可一并记录，问题是成长的阶梯，解决问题的过程就是思维进步的过程。

表 3.1　栈的应用

我的想法	集思广益

笃　行　篇

3.1.5　案例分析

  可以用栈来实现分隔符匹配的算法。申请一个空栈，依次从文件中读字符直到文件结尾。如果这个字符是开的（起始的，如左括号），将其压入栈中。如果是闭的（结束的，

如右括号），则查看栈是否为空。如果为空，则报错；否则
看栈项元素是否与其匹配，如果不匹配，报错；否则，弹
出栈底元素。读到文件结尾的时候，如果栈不为空，则报错。

　　除了括号的匹配，还有注释符（"/**/"）的匹配。如
果出现一个"/*"，则接下来的所有字符全被忽略，直到"*/"
出现；如果文件结束的时候也没有出现"*/"则报错。

分隔符匹配　　　　分隔符匹配
案例分析 1　　　　案例分析 2

3.1.6　案例实现

实现类 SeparatorMatches 的具体代码如下。

```java
import java.util.Scanner;
public class SeparatorMatches {
  private static finalintLEFT = 0;                    // 记录分隔符为"左"分隔符
  private static finalintRIGHT = 1;                   // 记录分隔符为"右"分隔符
  private static finalintOTHER = 2;                   // 记录其他字符
  // 判断分隔符的类型，有三种"左""右""非法"
  public int verifyFlag(String str) {
    if ("(".equals(str) || "[".equals(str) || "{".equals(str)
        || "/*".equals(str))                         // 左分隔符
      return LEFT;
    elseif (")".equals(str) || "]".equals(str) || "}".equals(str)
        || "*/".equals(str))                         // 右分隔符
      return RIGHT;
    else
      // 其他字符
      return OTHER;
  }
  // 匹配左分隔符 str1 和右分隔符 str2，是否匹配
  public boolean matches(String str1, String str2) {
    if (("(".equals(str1) &&")".equals(str2))
        || ("[".equals(str1) &&"]".equals(str2))
        || ("{ ".equals(str1) &&"}".equals(str2))
        || ("/*".equals(str1) &&"*/".equals(str2)))  // 匹配规则
      return true;
    else
      return false;
  }
  private boolean isLegal(String str) throws Exception {
    if (!"".equals(str) && str != null) {
      SqStack S = new SqStack(100);                   // 新建最大存储空间为 100 的顺序栈
      int length = str.length();
      for (int i = 0; i < length; i++) {
        char c = str.charAt(i);                       // 指定索引处的 char 值
        String t = String.valueOf(c);                 // 转化成字符串型
        if (i != length) {                            // c 不是最后一个字符
          if (('/' == c &&'*' == str.charAt(i + 1))
              || ('*' == c &&'/' == str.charAt(i + 1))) { // 是分隔符 "/*" 或 */"
```

```
                t = t.concat(String.valueOf(str.charAt(i + 1)));
                    // 与后一个字符相连
              ++i;                                          // 跳过一个字符
          }
      }
      if (LEFT == verifyFlag(t)) {                    // 为左分隔符
        S.push(t);                                     // 压入栈
      } elseif (RIGHT == verifyFlag(t)) {             // 为右分隔符
        if (S.isEmpty() || !matches(S.pop().toString(), t)) {
            // 右分隔符与栈顶元素不匹配
            thrownew Exception(" 错误：Java 语句不合法！");    // 输出异常
        }
      }
  }
  if (!S.isEmpty())                                  // 栈中存在没有匹配的字符
      thrownew Exception(" 错误：Java 语句不合法！");     // 输出异常
  returntrue;
  } else
      thrownew Exception(" 错误：Java 语句为空！");        // 输出异常
}
  public static void main(String[] args) throws Exception {
      SeparatorMatches e = new SeparatorMatches();
      System.out.println(" 请输入 Java 语句：");          // 输出
      Scanner sc = new Scanner(System.in);
      if (e.isLegal(sc.nextLine()))
          System.out.println("Java 语句合法！");          // 输出
      else
          System.out.println(" 错误：Java 语句不合法！");   // 输出
  }
}
```

运行结果如下。

请输入 Java 语句：
{abc(4+5)ff()}
Java 语句合法！
请输入 Java 语句：
{dfd(34-23))}
Java 语句不合法！

3.1.7　总结提高

　　由于栈结构所具有的后进先出的特性使得它能够完成各种回溯性的操作，所以栈成为程序设计中十分有用的工具。在计算机实现计算的过程中，经常会把十进制数 x 转化为其他 d 进制数，其解决方法有很多，其中一个简单方法的算法原理如下：$x=(x\ \mathrm{div}\ d)\times d+x\ \mathrm{mod}\ d$（其中：div 为整除运算，mod 为求余运算）。例如，$(1283)_{10}=(2403)_8$，其计算过程如下。

x	x div 8	x mod 8
1283	160	3
160	20	0
20	2	4
2	0	2

由于上述计算过程是从低位到高位顺序产生 d 进制数的各个数位，而打印输出时，一般来说应从高位到低位进行，恰好和计算过程相反。因此，若将计算过程中得到的 d 进制数的各位顺序进栈，则按出栈序列打印输出的即为与输入对应的 d 进制数，所以此类问题可利用栈来解决。

总之，了解了栈的逻辑结构特点，即"后进先出"，并掌握顺序链式两种存储结构，对于符合此结构特点的问题选用合适的存储，便能很好地解决问题。

请各位学习者试着解决进制转化问题。

3.2　表达式求值——链栈

勤　学　篇

3.2.1　案例说明

算术表达式是由操作数、算术运算符和分隔符所组成的式子。我们要解决的是计算用户输入的一个包含 +、-、×、/、正整数和圆括号的合法数学表达式，并列出该表达式的运算结果。如：2+4×(5-1)=18。

3.2.2　知识储备

1. 栈的链式存储

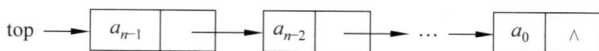

栈的链式存储结构称为链栈，是运算受限的单链表，其插入和删除操作只能在链表的表头位置上进行，故链栈没有必要像单链表一样附加头结点，栈顶指针即为链表的头指针。链栈的结点定义同单链表里的结点结构是一样的，即有存储数据的数据域（data）和存储后继结点地址的地址域（next）。链栈结构如图 3.5 所示。

栈的链式存储

图 3.5　栈的链式存储示意

2. 链栈上的基本操作的实现

1）链栈类的描述

由于组成链栈的结点与单链表的结点一样，所以在描述链栈类的时候引用了第 2 章的

Node 类。具体代码如下。

```
链栈类 LinkStack;
import 第 2 章 .Node;
public class LinkStack {
    private Node top;                        // 栈顶元素的引用
    // 将一个已经存在的栈置成空
    public void clear() {
        top = null;
    }
    // 测试栈是否为空
    public boolean isEmpty() {
        return top == null;
    }
    // 求栈中的数据元素个数并由函数返回其值
    public int length() {
        ...
    }
    // 查看栈顶对象而不移除它，返回栈顶对象
    public Object peek() {
        ...
    }
    // 移除栈顶对象并作为此函数的值返回该对象
    public Object pop() {
        ...
    }
    // 把项压入栈顶
    public void push(Object x) {
        ...
    }
    // 打印函数，打印所有栈中的元素（栈顶到栈底）
    public void display() {
        Node p = top;                        // p 指向栈顶结点，q 指向 p 的下一结点
        while (p != null) {                  // 打印所有非空的结点
            System.out.print((p.getData().toString() + " "));      // 打印
            p = p.getNext();                 // 指向 p 下一元素
        }
    }
}
```

2）链栈上的操作的实现

要想实现以上基本操作，需抓住以下关键问题

（1）栈空的条件为 top==null。

（2）由于只有在内存溢出时才会出现栈满，所以通常不考虑这种情况。

（3）栈的长度需从栈顶开始沿着 next 指针依次对结点逐个进行点数才能确定。

（4）元素 *x* 进栈操作是将包含该元素的结点插入作为第一个数据的结点，并相应修改 top 地址。

（5）出栈操作是删除第一个数据结点即 top 所指结点，并相应修改 top 地址。

下面具体介绍各相关操作的代码实现。

① 求链栈的长度 length( )。求链栈长度方法与求单链表长度方法相同，都需要从栈顶开始，依次对结点进行计数。实现代码如下。

```
// 求栈中的数据元素个数并由函数返回其值
public int length() {
  Node p = top;                      // 初始化 ,p 指向栈顶结点 ,length 为计数器
  int length = 0;
  while (p != null) {                // 从栈顶结点向后查找，直到 p 指向栈顶结点
    p = p.getNext();                 // 指向后继结点
    ++length;                        // 长度增 1
  }
  return length;
}
```

② 链栈的入栈操作 push(x)。新建包含数据元素 x 的结点 p，将 p 结点插入原 top 结点之前，修改 top 地址。实现代码如下。

```
// 把项压入栈顶
public void push(Object x) {
  Node p = new Node(x);              // 构造一个新的结点
  p.setNext(top);
  top = p;                           // 改变栈顶结点
}
```

③ 链栈的出栈操作 pop( )。在链栈不为空的条件下，新建结点 p 指向 top，修改 top 值为下一个元素地址，返回 p 结点所指向的元素数据域。如果栈为空，返回 null。实现代码如下。

```
public Object pop() {
  if (!isEmpty()) {
    Node p = top;                    // p 指向栈顶结点
    top = top.getNext();
    return p.getData();
  } else
    return null;
}
```

④ 取链栈的栈顶元素 peek( )。在栈不为空的条件下,将第一个数据结点的数据域返回,但不删除该结点。实现代码如下。

```
// 查看栈顶对象而不移除它，返回栈顶对象
public Object peek() {
  if (!isEmpty())
    return top.getData();            // 返回栈顶元素
  else
    return null;
}
```

3.2.3 巩固基础

巩固基础

1. 在链栈中，进行出栈操作时（　　）。

　　A. 需要判断栈是否满　　　　　　　B. 需要判断栈是否为空

　　C. 需要判断栈元素的类型　　　　　D. 无须对栈作任何判断

2. 向一个不带头结点的栈顶指针为 top 的链栈中插入一个 s 所指结点时，执行（　　）。

　　A. top.setNext(s)　　　　　　　　B. s.setNext(top.getNext());top.setNext(s)

　　C. s.setNext(top);top=s　　　　　D. s.setNext(top);top=top.getNext

3. 栈结构通常采用的两种存储结构为（　　）。

　　A. 顺序存储结构和链式存储结构

　　B. 散列方式和索引方式

　　C. 链表存储结构和数组

　　D. 线性存储结构和非线性存储结构

4. 在一个不带头结点的栈顶指针为 top 的链栈中执行出栈操作，则执行（　　）。

　　A. top.setNext(null)　　　　　　　B. top=null

　　C. top=top.getNext()　　　　　　　D. top.getData(null)

5. 表达式 $(a+a \times b) \times a+c \times b/a$ 的后缀表达式是（　　）。

　　A. $a\,a\,b \times + a \times c\,b \times a\,/\,+$　　　　　　B. $a\,a \times b + a \times c\,b \times a\,/\,+$

　　C. $a\,a\,b \times a \times c\,b \times + a\,/\,+$　　　　　　D. $a\,a\,b \times + a\,c\,b \times a\,/\,+\,\times$

善　询　篇

3.2.4 头脑风暴

　　栈作为一种数据结构，能够解决多种应用问题，包括但不限于函数调用、表达式求值、系统调用、缓存机制、代码编辑器的括号匹配、进制转换等。通过对栈的学习你能想到它可以帮你解决生活中的哪些痛点问题？或者你想到了哪些问题也可以由栈来解决？将心得记录到表 3.2 中，以防遗忘，也可分享出去，以获得更强的思维碰撞。学习中遇到的疑惑也可一并记录，问题是成长的阶梯，解决问题的过程就是思维进步的过程。

表 3.2　栈的应用

我的想法	集思广益

笃 行 篇

3.2.5 案例分析

表达式是由操作数、算术运算符和分隔符所组成的式子。接下来对含有二元运算符且操作数是一位整数的算术表达式进行运算。

案例分析1　案例分析2

表达式的求值过程是：先将算术表达式转换成后缀表达式，然后对该后缀表达式求值。所谓后缀表达式，就是运算符在操作数的后面，如 $1+2\times3$ 的后缀表达式为 $123\times+$。在后缀表达式中已考虑了运算符的优先级，所以没有括号，只有操作数和运算符。

1. 将表达式变换为后缀表达式

算法步骤如下。

（1）设立一个运算符栈。

（2）检查表达式的下一元素，假如是个操作数，输出。

（3）假如是个开括号，将其压栈。

（4）假如是个运算符，则有：

① 假如栈为空，将此运算符压栈；

② 假如栈顶是开括号，将此运算符压栈；

③ 假如此运算符比栈顶运算符优先级高，将此运算符压入栈中；

④ 否则栈顶运算符出栈并输出，重复步骤（4）。

（5）假如是个闭括号，栈中运算符逐个出栈并输出，直到遇到开括号。开括号出栈并丢弃。

（6）假如表达式还未完毕，则跳转到步骤(1)。

（7）假如遍历表达式完毕，则栈中剩余的所有操作符出栈并加到后缀表达式的尾部。

利用上述转换准则，将算术表达式 $3\times（7-2）$ 转换成后缀表达式的过程如表 3.3 所示。

表 3.3　算术表达式转换成后缀表达式示例

步骤	原表达式	运算符栈	后缀表达式	说　　明
1	3×（7-2）			
2	×（7-2）		3	是操作数送往后缀表达式
3	（7-2）	×	3	是运算符，入运算符栈
4	7-2）	×（	3	是左括号，入运算符栈
5	-2）	×（	37	是操作数送往后缀表达式
6	2）	×（-	37	是运算符且优先级高于栈顶元素，入运算符栈
7	）	×（-	372	是操作数送往后缀表达式
8		×（	372-	是右括号，将栈中左括号之前的所有运算符送往后缀表达式，并将栈中左括号弹出

续表

步骤	原表达式	运算符栈	后缀表达式	说　　明
9		*	372–	遍历表达式完毕，弹出栈中剩余项送往后缀表达式
10			372–×	结束

2. 对后缀表达式求值

算法步骤如下。

（1）初始化一个空堆栈。

（2）从左到右读入后缀表达式。

① 如果字符是一个操作数，把它压入堆栈。

② 如果字符是个操作符，弹出两个操作数，执行恰当操作，然后把结果压入堆栈。如果不能够弹出两个操作数，后缀表达式的语法就不正确。

（3）到后缀表达式末尾，从堆栈中弹出结果。若后缀表达式格式正确，那么堆栈应该为空。

3.2.6　案例实现

具体代码如下。

```
public class ExpressionEvaluation {
    // 此函数将表达式变换为后缀表达式，把结果以字符串的形式返回，此函数的算法如下：
    // 1) 检查表达式的下一元素。
    // 2) 假如是个操作数，输出。
    // 3) 假如是个开括号，将其压栈。
    // 4) 假如是个运算符，则
    // i) 假如栈为空，将此运算符压栈。
    // ii) 假如栈顶是开括号，将此运算符压栈。
    // iii) 假如此运算符比栈顶运算符优先级高，将此运算符压入栈中。
    // iv) 否则栈顶运算符出栈并输出，重复步骤4。
    // 5) 假如是个闭括号，栈中运算符逐个出栈并输出，直到遇到开括号。开括号出栈并丢弃。
    // 6) 假如表达式还未完毕，跳转到步骤1。
    // 7) 假如遍历表达式完毕，栈中剩余的所有操作符出栈并加到后缀表达式的尾部。
    public String convertToPostfix(String expression) throws Exception {
        LinkStack st = new LinkStack();
                            // 用于存放函数运行过程中的括号和运算符（函数结束时此栈为空）
        String postfix = new String();          // 用于输出的后缀表达式
        for (int i = 0; expression != null&& i < expression.length(); i++) {
            char c = expression.charAt(i);          // 指定索引处的 char 值
            if (' ' != c) {                         // 字符 c 不为空格
                if (isOpenParenthesis(c)) {
                    st.push(c);                     // 为开括号，压栈
                } else if (isCloseParenthesis(c)) {
// 为闭括号，栈中运算符逐个出栈并放入用于输出的栈，直到遇到开括号。开括号出栈并丢弃
                    Character ac = (Character) st.pop();// 移除栈顶元素
                    while (!isOpenParenthesis(ac.charValue())) {
                                                    // 一直到为开括号为止
```

```
                    postfix = postfix.concat(ac.toString());
                                               // 串联到后缀表达式的结尾
                    ac = (Character) st.pop();
                }
              } elseif (isOperator(c)) {              // 为运算符
                if (!st.isEmpty()) {
                               // 栈非空，取出栈中优先级高的操作符串联到后缀表达式的结尾
                    Character ac = (Character) st.pop();
                    while (ac != null
                    && priority(ac.charValue()) >= priority(c)) {    // 优先级比较
                      postfix = postfix.concat(ac.toString());
                                               // 串联到后缀表达式的结尾
                      ac = (Character) st.pop();
                    }
                    if (ac != null) {     // 如果最后一次取出的优先级低的操作符，重新压栈
                      st.push(ac);
                    }
                }
                st.push(c);
              } else {                       // 为操作数，串联到后缀表达式的结尾
                postfix = postfix.concat(String.valueOf(c));
              }
            }
          }
          while (!st.isEmpty()) {        // 栈中剩余的所有操作符串联到后缀表达式的结尾
            postfix = postfix.concat(String.valueOf(st.pop()));
                                               // 串联到后缀表达式的结尾
          }
          return postfix;
        }
        // 对后缀表达式进行求值计算，此函数的算法如下：
        // 1) 初始化一个空堆栈
        // 2) 从左到右读入后缀表达式
        // i) 如果字符是一个操作数，把它压入堆栈。
        // ii) 如果字符是个操作符，弹出两个操作数，执行恰当操作，然后把结果压入堆栈。如果不
        //     能够弹出两个操作数，后缀表达式的语法就不正确。
        // 3) 到后缀表达式末尾，从堆栈中弹出结果。若后缀表达式格式正确，那么堆栈应该为空。
        public double numberCalculate(String postfix) throws Exception {
          LinkStack st = new LinkStack();
          for (int i = 0; postfix != null&& i < postfix.length(); i++){
            char c = postfix.charAt(i); // 指定索引处的 char 值
            if (isOperator(c)) {              // 当为操作符时
              // 取出两个操作数
              double d2 = Double.valueOf(st.pop().toString());
              double d1 = Double.valueOf(st.pop().toString());
              double d3 = 0;
              if ('+' == c) {                 // 加法运算
```

```
            d3 = d1 + d2;
        } elseif ('-' == c) {                    // 加法运算
            d3 = d1 - d2;
        } elseif ('*' == c) {                    // 乘法运算
            d3 = d1 * d2;
        } elseif ('/' == c) {                    // 除法运算
            d3 = d1 / d2;
        } elseif ('^' == c) {                    // 幂运算
            d3 = Math.pow(d1, d2);
        } elseif ('%' == c) {
            d3 = d1 % d2;
        }
        st.push(d3);
    } else {                                     // 当为操作数时
        st.push(c);
    }
}
return (Double) st.pop();                         // 返回运算结果
}
// 判断字符串是否为运算符
public boolean isOperator(char c) {
    if ('+' == c || '-' == c || '*' == c || '/' == c || '^' == c || '%' == c) {
        returntrue;
    } else {
        returnfalse;
    }
}
// 判断字符串是否为开括号
public boolean isOpenParenthesis(char c) {
    return'(' == c;
}
// 判断字符串是否为闭括号
public boolean isCloseParenthesis(char c) {
    return')' == c;
}
// 判断运算法的优先级
public int priority(char c) {
    if (c == '^') {                              // 为幂运算
        return 3;
    }
    if (c == '*' || c == '/' || c == '%') {      // 为乘、除、取模运算
        return 2;
    } elseif (c == '+' || c == '-') {            // 为加、减运算
        return 1;
    } else {                                     // 其他
        return 0;
    }
}
public static void main(String[] args) throws Exception {
```

```
        ExpressionEvaluation p = new ExpressionEvaluation();
        String postfix = p.convertToPostfix("(1 + 2)*(5 - 2)/2^2 + 5%3");
        // 转化为后缀表达式
        System.out.println(" 表达式的结果为： " + p.numberCalculate(postfix));
        // 对后缀表达式求值后，并输出
    }
}
```

运行结果为如下。

表达式的结果为： 4.25

3.2.7 总结提高

迷宫问题是一个用栈解决的经典问题。计算机解决迷宫问题时，通常采用的是"穷举求解"的方法，即从入口出发，顺着某一方向向前探索，若能走通，则继续往前走；否则沿原路返回，换一个方向继续探索，直至所有可能的通路都探索到为止。为了保证在任何位置上都能沿原路退回，显然需要用一个后进先出的结构来保存从入口到当前位置的路径。因此，在求迷宫通路的算法中应用"栈"也就是顺理成章的事了。

总之，了解了栈的逻辑结构特点，即"后进先出"，并掌握顺序链式两种存储结构，对于符合此结构特点的问题选用合适的存储方式，就可以很好地解决问题。

请各位学习者试着解决迷宫问题。

3.3　舞伴问题——顺序队列

勤　学　篇

3.3.1 案例说明

在一个舞会上，男士们和女士们进入舞厅，各自排成一队。跳舞开始时，依次从男队和女队的队列头上各出一个人进行配对。若两队初始人数不同，则较长的那一队中未配对者等待下一轮舞曲。请输出当前等待的舞者中谁将最先获得舞伴。

3.3.2 知识储备

1. 队列的定义

队列（queue）是一种操作受限的线性表，仅允许在表的一端进行插入，而在表的另一端进行删除。把进行插入的一端称作队尾（rear），进行删除的一端称作队头或队首（front）。向队列中插入新元素称为进队或入队，新元素进队后就成为新的队尾元素；从队列中删除元素称为出队或离队，元素出队后，其直接后继元素就成为队首元素。

队列的定义

由于队列的插入和删除操作分别是在表的各自的一端进行，每个元素必然按照进入的次序出队，所以又把队列称为先进先出表。

图 3.6 所示是队列的动态示意图，图中 front 指针指向队首位置（实际上是队首元素的前一个位置），rear 指针指向队尾位置（正好是队尾元素的位置）。图 3.6（a）表示空队；图 3.6（b）表示插入 5 个数据元素后的状态；图 3.6（c）表示出队一次后的状态；图 3.6（d）表示出队 4 次后的状态。

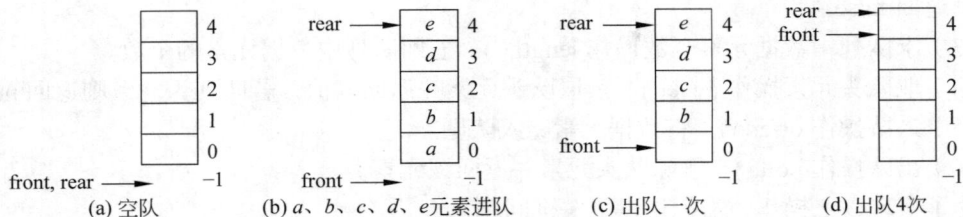

图 3.6　队列的动态示意图

【例 3.2】　若元素进队顺序为 1234，能否得到 3142 的出队顺序？

解：进队顺序为 1234，则出队的顺序也为 1234（先进先出），所以不能得到 3142 的出队顺序。

2. 队列的顺序存储及顺序队列上的基本操作的实现

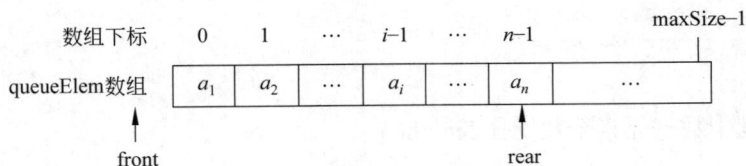

1）顺序队列的定义

顺序队列与顺序栈类似，在顺序队列存储结构中，也需要一块连续区域来依次存储队列中的元素，也可以用一维数组来表示。假设数组名为 queueElem，数组最大容量为 maxSize，由于队列的入队操作只能在队尾进行，而出队操作只能在队首进行，所以需要使变量 front 指向队首元素存储单元的前一个位置，rear 指向队尾元素存储单元位置，队列初始状态 front=rear=—1。存储状态如图 3.7 所示。

队列的顺序存储及顺序队列基本操作的实现

图 3.7　顺序队列存储示意图

顺序队列 SeqQueue 类定义如下。

```java
public class SeqQueue {
    private Object[] queueElem;              // 队列存储空间
    private int front;                       // 队头的引用，若队列不空，指向队列头元素
    private int rear;                        // 队尾的引用，若队列不空，指向队列尾元素的下一个位置
    int maxSize;
    // 循环队列类的构造函数
    public SeqQueue() {
        front = rear = -1;                   // 队头、队尾初始化为 0
        queueElem = new Object[maxSize];     // 为队列分配 maxSize 个存储单元
    }
}
```

2）顺序队列基本操作的实现

根据队列的特性，队列上的基本操作如下。

（1）置队列空操作 clear( )。将一个已经存在的队列置成空栈。

（2）判断队列空操作 isEmpty( )。判断一个队列是否为空，若队列为空，则返回 true；否则，返回 false。

（3）求队列中数据元素个数操作 length( )。返回队列中数据元素的个数。

（4）取队头元素操作 peek( )。读取队头元素并返回其值，若队列为空，则返回 null。

（5）入队操作 offer(x)。将数据元素 x 入队尾。

（6）出队操作 poll( )。删除队头元素并返回该元素。

为了实现以上操作，需抓住以下关键问题。

① 初始时置 front=rear= –1；

② 队空的条件为 front= =rear；

③ 队满的条件为 rear= =maxSize–1（rear 指向数组最大下标时为队满）；

④ 元素 x 进队的操作是先将队尾指针 rear 增 1，然后将 x 放在队尾处；

⑤ 出队操作是先将队头指针 front 增 1，然后取出队头处的元素。

下面具体介绍各操作的代码实现。

（1）置队列空操作 clear( )。

```
// 将一个已经存在的队列置成空
  public void clear() {
    front = rear = -1;
  }
```

（2）判断队列空操作 isEmpty( )。

```
// 测试队列是否为空
  public boolean isEmpty() {
    return front == rear;
  }
```

（3）求队列中数据元素个数操作 length( )。

```
public int length() {
    return rear - front;
}
```

（4）取队头元素操作 peek( )。

```
// 查看队列的头而不移除它，返回队列顶对象，如果此队列为空，则返回 null
public Object peek() {
  if (front == rear)                  // 队列为空
    return null;
  else
    return queueElem[front+1];    // 返回队列头元素
}
```

（5）入队操作 offer(x)。

```
// 把指定的元素插入队列
  public void offer(Object x) throws Exception {
    if(rear + 1==maxSize )                          // 队列满
      throw new Exception(" 队列已满 ");            // 输出异常
    else {                                          // 队列未满
      rear = rear + 1;                              // 修改队尾指针
      queueElem[rear] = x;                          // rear 加 1 后，x 赋给栈顶元素
    }
}
```

（6）出队操作 poll( )。

```
// 移除队列的头并作为此函数的值返回该对象，如果此队列为空，则返回 null
public Object poll() {
    if (front == rear)                              // 队列为空
      return null;
    else {
      front = front + 1;                            // 更改队列头的位置
      Object t = queueElem[front];                  // 取出队列头元素
      return t;                                     // 返回队列头元素
    }
}
```

3. 队列的循环存储及循环队列上的基本操作实现

在非循环队列中，元素进队时队尾指针 rear 增 1，元素出队时队头指针 front 增 1，当进队 maxSize 个元素后，满足队满的条件（即 rear = = maxSize–1）成立，此时即使出队若干元素，队满条件仍成立（实际上队列中有空位置），这是一种假溢出。

循环队列

为了能够充分地使用数组中的存储空间，把数组的前端和后端连接起来，形成一个循环的顺序表，即把存储队列元素的表从逻辑上看成一个环，称为循环队列（也称为环形队列）。

循环队列首尾相连，当队首指针 front=maxSize–1 后，再前进一个位置就自动到 0，可以利用求余的运算 (%) 来实现。

队首指针进 1：front=(front+1)%maxSize。

队尾指针进 1：rear=(rear+1)%maxSize。

循环队列的队头指针和队尾指针初始化时都置 0：front=rear=0。在元素进队和出队时，队头和队尾指针都循环前进一个位置。

那么，循环队列队满和队空的判断条件是什么呢？显然循环队列为空的条件是 rear= =front。如果进队元素的速度快于出队元素的速度，队尾指针很快就赶上了队首指针，此时可以看出循环队列的队满条件也为 rear= =front。

怎样区分这两者之间的差别呢？通常约定在进队时少用一个数据元素空间，以队尾指针加 1 等于队首指针作为队满的条件，即队满条件为 (rear+1)%maxSize= =front，队空条件仍为 rear= =front。

图 3.8 所示说明了循环队列的几种状态，这里假设 maxSize 等于 5。图 3.8（a）为空队，

此时 front=rear=0；图 3.8（b）中有 3 个元素，当元素 d 进队后，队中有 4 个元素，此时满足队满的条件。

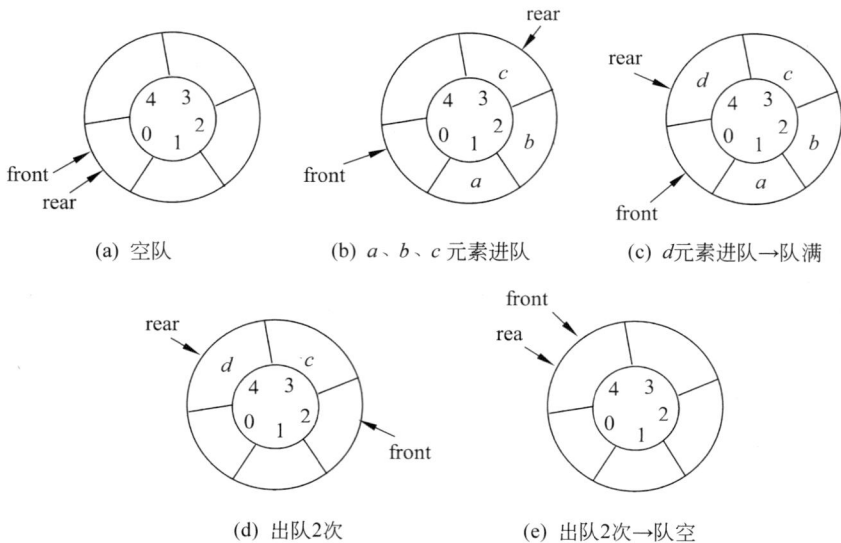

(a) 空队   (b) a、b、c 元素进队   (c) d元素进队→队满

(d) 出队2次   (e) 出队2次→队空

图 3.8　循环队列入队出队情况示意图

为了在循环队列上实现以上顺序队列上的操作，需抓住以下关键问题。

① 初始时置 front=rear=0。

② 队空的条件为 front==rear。

③ 队满的条件为 (rear+1)%maxSize==front。

④ 元素 x 进队的操作是先将队尾指针 rear 增 1 变为 rear=(rear+1)%maxSize，然后将 x 放在队尾处。

⑤ 出队操作是先将队头指针 front 增 1 变为 front=(front+1)%maxSize，然后取出队头处的元素。

⑥ 队列中的数据元素个数为：(rear–front+maxSize) % maxSize。

那么循环队列类实现代码如下。

```
public class CirSeqQueue {
  private Object[] queueElem;              // 队列存储空间
  private int front;          // 队头的引用，若队列不空，指向队列头元素
  private int rear;           // 队尾的引用，若队列不空，指向队列尾元素的下一个位置
  int maxSize;
  // 循环队列类的构造函数
  public CirSeqQueue(int m) {
    front = rear = 0;                      // 队头、队尾初始化为 0
    maxSize=m;
    queueElem = new Object[maxSize];       // 为队列分配 maxSize 个存储单元
  }
  // 将一个已经存在的队列置成空
  public void clear() {
    front = rear = 0;
```

```
    }
    // 测试队列是否为空
    public boolean isEmpty() {
      return front == rear;
    }
    // 求队列中的数据元素个数并由函数返回其值
    public int length() {
      return (rear - front + maxSize) % maxSize;
    }
    // 把指定的元素插入队列
    public void offer(Object o) throws Exception {
      if ((rear + 1) % maxSize == front)          // 队列满
        throw new Exception(" 队列已满 ");         // 输出异常
      else {                                       // 队列未满
        rear = (rear + 1) % maxSize;               // 修改队尾指针
        queueElem[rear] = x;                       // rear 加 1 后，o 赋给栈顶元素
      }
    }
    // 查看队列的头而不移除它，返回队列顶对象，如果此队列为空，则返回 null
    public Object peek() {
      if (front == rear)                           // 队列为空
        return null;
      else
        return queueElem[(front+1)% maxSize];      // 返回队列头元素
    }
    // 移除队列的头并作为此函数的值返回该对象，如果此队列为空，则返回 null
    public Object poll() {
      if (front == rear)                           // 队列为空
        return null;
      else {
      front = (front + 1) % maxSize;               // 更改队列头的位置
      Object t = queueElem[front];                 // 取出队列头元素
      return t;                                    // 返回队列头元素
      }
    }
  }
```

3.3.3 巩固基础

巩固基础

1. 栈和队列都是（   ）。
   A. 链式存储的线性结构   B. 链式存储的非线性结构
   C. 限制存取点的线性结构   D. 限制存取点的非线性结构
2. 队列的插入操作是在（   ）。
   A. 队尾   B. 队头   C. 队列任意位置   D. 队头元素后
3. 队列的删除操作是在（   ）。
   A. 队尾   B. 队头   C. 队列任意位置   D. 队头元素后
4. 依次在初始为空的队列中插入元素 a，b，c，d 以后，紧接着做了两次删除操作，

此时的队头元素是（   ）。

    A. *a*   B. *b*   C. *c*   D. *d*

5. 队和栈的主要区别是（   ）。

    A. 逻辑结构不同   B. 存储结构不同

    C. 所包含的运算个数不同   D. 限定插入和删除的位置不同

6. 若用一个大小为 6 的数组来实现循环队列，且当前 rear 和 front 的值分别为 0，3。当从队列中删除一个元素，再加入两个元素后，rear 和 front 的值分别为（   ）。

    A. 1 和 5   B. 2 和 4   C. 4 和 2   D. 5 和 1

7. 若用数组 A[0…5] 来实现循环队列，且当前 rear 和 front 的值分别为 1 和 5。当从队列中删除一个元素，再加入两个元素后，rear 和 front 的值分别为（   ）。

    A. 3 和 4   B. 3 和 0   C. 5 和 0   D. 5 和 1

8. 设循环队列中数组的下标是 0~N−1，其队头队尾指针分别为 f 和 r（f 指向队首元素的前一位置，r 指向队尾元素），则其元素个数为（   ）。

    A. $r-f$ B. $r-f-1$ C. $(r-f)\%N+1$ D. $(r-f+N)\%N$

9. 设循环队列的存储空间为 a[0…20]，且当前队头指针和队尾指针的值分别为 8 和 3，则该队列中元素个数为（   ）。

    A. 5   B. 6   C. 16   D. 17

善 询 篇

3.3.4　头脑风暴

    队列能解决的问题包括广度优先搜索、资源分配、线程池管理、缓存实现等。通过对队列的学习你能想到哪些问题可以由队列来解决？它的具体实现是怎样的？有没有痛点需要解决改进？将心得记录到表 3.4 中，以防遗忘，也可分享出去，以获得更强的思维碰撞。学习中遇到的疑惑也可一并记录，问题是成长的阶梯，解决问题的过程就是思维进步的过程。

表 3.4　队列的应用

我的想法	集思广益

笃 行 篇

3.3.5　案例分析

    通过对舞伴问题的分析可以发现，先入队的男士或女士先出队配成舞伴，因此该问题具有先进先出的特性，可以用队列作为算法的数据结构。这里采用循环队列。

　　在算法中，假设男士和女士的记录存放在一个数组中作为输入，依次扫描该数组的各元素，并根据性别决定是进入男队还是女队。当这两个队列构造完成之后，依次将两队当前的队头元素配成舞伴，直至某队列变空为止。此时，若某队列仍有等待配对者，算法输出此队列中等待的人数及排在队头的等待者的名字，他（或她）将是下一轮舞曲开始时第一个可获得舞伴的人。

3.3.6　案例实现

　　循环队列类的具体代码如下。

```java
public class CirSeqQueue {
  private Object[] queueElem;              // 队列存储空间
  private int front;        // 队头的引用，若队列不空，指向队列头元素
  private int rear;         // 队尾的引用，若队列不空，指向队列尾元素的下一个位置
  int maxSize;
  // 循环队列类的构造函数
  public CirSeqQueue(int m) {
    front = rear = 0;                      // 队头、队尾初始化为 0
    maxSize=m;
    queueElem = new Object[maxSize];       // 为队列分配 maxSize 个存储单元
  }
  // 将一个已经存在的队列置成空
  public void clear() {
    front = rear = 0;
  }
  // 测试队列是否为空
  public boolean isEmpty() {
    return front == rear;
  }
  // 求队列中的数据元素个数并由函数返回其值
  public int length() {
    return (rear - front + maxSize) % maxSize;
  }
  // 把指定的元素插入队列
  public void offer(Object o) throws Exception {
    if ((rear + 1) % maxSize == front)       // 队列满
      throw new Exception(" 队列已满 ");      // 输出异常
                                              // 队列未满
    else {
      rear = (rear + 1) % maxSize;           // 修改队尾指针
      queueElem[rear] = o; // rear 加 1 后，o 赋给栈顶元素
    }
  }
  // 查看队列的头而不移除它，返回队列顶对象，如果此队列为空，则返回 null
  public Object peek() {
    if (front == rear)                        // 队列为空
```

```
        return null;
      else
        return queueElem[(front + 1) % maxSize];      // 返回队列头元素
    }
    // 移除队列的头并作为此函数的值返回该对象，如果此队列为空，则返回 null
    public Object poll() {
      if (front == rear)                              // 队列为空
        return null;
      else {
        front = (front + 1) % maxSize;                // 更改队列头的位置
        Object t = queueElem[front];                  // 取出队列头元素
        return t;                                     // 返回队列头元素
      }
    }
    // 打印函数，打印所有队列中的元素（队列头到队列尾）
    public void display() {
      if (!isEmpty()) {
        for (int i = (front + 1) % maxSize; i != rear; i = (i + 1) % queueElem.length)
        // 从队列头到队列尾
          System.out.print(queueElem[i].toString() + " ");
      } else {
        System.out.println(" 此队列为空 ");
      }
    }
  }
```

舞伴选择类的具体代码如下。

```
import java.util.Scanner;
public class DancePartner {
  static void DancePart(Person dancer[],int num) throws Exception{
    // 结构数组 dancer 中存放跳舞的男女，num 是跳舞的总人数
    int i;
    Person p;
    CirSeqQueue Mdancers = new CirSeqQueue(10);   // 男士队列初始化
    CirSeqQueue Fdancers = new CirSeqQueue(10);   // 女士队列初始化
    for(i=0;i<num;i++) {                           // 依次将跳舞者依其性别入队
      p=dancer[i];
      if(p.sex.trim()=="F")
        Fdancers.offer(p);                        // 排入女队
      else
        Mdancers.offer(p);                        // 排入男队
    }
    Fdancers.display();
    Mdancers.display();
    System.out.println("The dancing partners are: \n ");
    while(!Fdancers.isEmpty()&&!Mdancers.isEmpty()){
      p= (Person) Fdancers.poll();                // 女士出队
```

```
      System.out.print(p.name + "           ");
      p=(Person) Mdancers.poll();      // 男士出队
      System.out.println(p.name);
   }
   if(!Fdancers.isEmpty()){             // 输出女士剩余人数及队头女士的名字
      System.out.println("\n There are "+ Fdancers.length()+" women
      waiting for the next  round.");
      p=(Person) Fdancers.peek();       // 取队头
      System.out.println(p.name+" will be the first to get a partner. \n");
   }
   elseif(!Mdancers.isEmpty()){         // 输出男队剩余人数及队头者名字
      System.out.println("\n There are "+ Mdancers.length()+" men
      waiting for the next round.");
      p= (Person) Mdancers.peek();
      System.out.println(p.name+" will be the first to get a partner.");
   }
}
/**
 * @param args
 * @throws Exception
 */
public static void main(String[] args) throws Exception {
   // TODO Auto-generated method stub
   Scanner sc=new Scanner(System.in);
   System.out.print("请输入参加舞会的总人数：");
   int i=sc.nextInt();
   Person[] dancer=new Person[i];
   for(int j=0;j<i;j++){
      dancer[j]=new Person();
      System.out.print("请输入舞会参与者的姓名：");
      String n=sc.nextLine();
      dancer[j].name=n;
      System.out.print("请输入舞会参与者的性别：");
      String s=sc.nextLine();
      dancer[j].sex=s;
   }
   DancePart(dancer,i);
}
}
```

3.3.7　总结提高

根据队列先进先出的逻辑结构特点，选择合适的存储结构，符合此类特点的问题能够很好地得到解决。

请同学们根据以下场景，试着编写程序解决酒店房间分配的问题。

某青年酒店有 N 个等级的房间，第 k 级客房有 $A(k)$ 个，每个房间有 $B(k)$ 个单人床，以菜单调用方式设计为单身旅客分配床位以及离店时收回床位的程序。要求分配成功时，印出旅客姓名、年龄、性别、到达日期、客房等级、房间号及床位号；分配不成功时，允许更改房间等级，若不更改等级，印出"满客"提示。

3.4　银行叫号系统——链队列

　　勤　学　篇

3.4.1　案例说明

　　排队叫号系统是一种广泛应用于各种公共服务领域的智能化系统，它的主要功能是提高服务效率、优化服务体验以及提升公共资源的利用率。以银行应用场景为例，银行为了提高运营、管理、服务水平，减少顾客排队的各种烦恼，会在门口位置设置一个叫号机设备，在显示屏上可选择业务种类，单击以后，机器会自动打印一个号码条。窗口一般通过广播喊号码，等到了自己的号码时，去对应的叫号窗口办理业务即可。

3.4.2　知识储备

1. 队列的链式存储

　　队列的链式存储结构不用带头结点的单链表来实现。为了便于实现入队和出队操作，需要引用两个指针 front 和 rear 来分别指向队首元素和队尾元素的结点。如图 3.9 所示为队列（a_1，a_2，$\cdots$，a_n）链式存储结构。

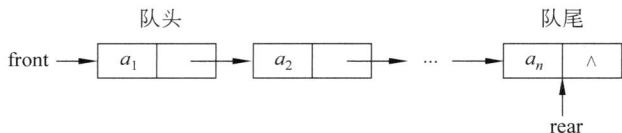

队列的链式存储

图 3.9　队列的链式存储结构

2. 链队列的定义及链队列上的基本操作的实现

1）链队列的定义

　　链队列中的结点类也引用了前面所讨论过的 Node 类，所以链队列 LinkQueue 类定义如下。

```
import 第二章.Node;
public class LinkQueue {
  private Node front;        // 队头的引用
  private Node rear;         // 队尾的引用，指向队尾元素
  // 链队列类的构造函数
  public LinkQueue() {
    front = rear = null;
  }
}
```

2）链队列上的基本操作的实现

为了实现队列上的操作，需抓住以下关键问题。

（1）初始时置 rear=front=null。

（2）队空的条件为 rear= =null 或 front= =null 或 front= =rear==null，这里不妨设队空的条件为 front= =null。

（3）由于只有内存溢出时才出现队满，通常不考虑这样的情况，所以在链队中可以看成不存在队满。

（4）结点 p 进队的操作是在单链表尾部插入结点 p，并让队尾指针指向它。

（5）出队的操作是取出队头所指结点的 data 值并将其从链队中删除。

下面介绍各操作的代码实现。

（1）置队列空操作 clear( )。

相应的算法如下。

```
// 将一个已经存在的队列置成空
public void clear() {
    front = rear = null
}
```

（2）判断队列空操作 isEmpty( )。

相应的算法如下。

```
// 测试队列是否为空
public boolean isEmpty() {
    return front == null;
}
```

（3）求队列中数据元素个数操作 length( )。

相应的算法如下。

```
// 求队列中的数据元素个数并由函数返回其值
public int length() {
    Node p = front;
    int length = 0;                    // 队列的长度
    while (p != null) {                // 一直查找到队尾
        p = p.getNext();
        ++length;                      // 长度增1
    }
    return length;
}
```

（4）取队头元素操作 peek( )。

相应的算法如下。

```
// 查看队列的头而不移除它，返回队列顶对象，如果此队列为空，则返回 null
public Object peek() {
    if (front != null)                 // 队列非空
        return front.getData();        // 返回队列元素
}
```

```
    else
      return null;
```

（5）入队操作 offer(o)。

创建 data 域为 o 的数据结点 *p*。若原队列为空，则将链队结点的两个域均指向 *p* 结点，否则，将 *p* 结点链到单链表的末尾，并让链队结点的 rear 域指向它。相应的算法如下。

```
// 把指定的元素插入队列
public void offer(Object o) {
  Node p = new Node(o);           // 初始化新的结点
  if (front != null) {            // 队列非空
    rear.setNext(p);
    rear = p;                     // 改变队列尾的位置
  } else
  // 队列为空
    front = rear = p;
}
```

（6）出队操作 poll( )。

若原队列不为空，则将第一个数据结点的 data 域值返回，并删除。若出队之前队列中只有一个结点，则需将链队结点的两个域均置为 null，表示队列已为空。相应的算法如下。

```
// 移除队列的头并作为此函数的值返回该对象，如果此队列为空，则返回 null
public Object poll() {
  if (front != null) {            // 队列非空
    Node p = front;               // p 指向队列头结点
    front = front.getNext();
    return p.getData();           // 返回队列头结点数据
  }
  else{
  if(front==rear)
  {
    Node p1 = front;
    front=rear=null;
    return p1.getData();
  }
  else
    return null;
  }
}
```

3.4.3　巩固基础

1. 用不带头结点的单链表存储队列，其队头指针指向队头结点，队尾指针指向队尾结点，则在进行出队运算时（　　）。

A. 仅修改队头指针　　　　　　　　　B. 仅修改队尾指针

C. 队头、队尾指针都要修改　　　　　D. 队头、对尾指针都可能要修改

巩固基础

2. 最适合用作链队的链表是（　　　）。

　　A. 带队首指针和队尾指针的循环单链表

　　B. 带队首指针和队尾指针的非循环单链表

　　C. 只带队首指针的非循环单链表

　　D. 只带队首指针的循环单链表

3. 以下（　　　）不是队列的基本运算。

　　A. 从队尾插入一个新元素　　　　　　B. 从队列中删除第 i 个元素

　　C. 判断一个队列是否为空　　　　　　D. 读取队头元素的值

4. 用单链表实现队列时，队头在链表的（　　　）位置。

　　A. 不确定　　　　　　B. 链头　　　　　　C. 链尾　　　　　　D. 链中

5. 对于长度为 n 的队列采用链式存储结构，front 和 rear 分别指向队头和队尾，那么出队操作的时间复杂度为（　　　）。

　　A. $O(1)$　　　　　　B. $O(\log_2 n)$　　　　　　C. $O(n)$　　　　　　D. $O(n_2)$

善 询 篇

3.4.4　头脑风暴

　　队列能解决的问题包括广度优先搜索、资源分配、线程池管理、缓存实现等。通过对队列的学习你能想到哪些问题可以由队列来解决？它的具体实现是怎样的？有没有痛点需要解决改进？将心得记录到表 3.5 中，以防遗忘，也可分享出去，以获得更强的思维碰撞。学习中遇到的疑惑也可一并记录，问题是成长的阶梯，解决问题的过程就是思维进步的过程。

表 3.5　队列的应用

我的想法	集思广益

笃 行 篇

3.4.5　案例分析

　　根据银行先来先服务的原则，先来的客户优先办理业务，后来的客户要依次排到队尾，等待办理。因此该问题具有先进先出的特性，可以用队列作为算法的数据结构。

　　由于每天来银行办理业务的客户人数无法确定，所以如果用顺序存储将无法确定数组大小，这里采用队列的链式存储方法，故而不存在队满的

银行叫号
案例分析

情况，满足银行灵活办理业务的要求。

银行叫号系统分为拿号和叫号两大功能，为此项目算法设计如下。

（1）拿号功能，拿号功能分为排入队列，计算前面有几人，显示队列。

（2）叫号功能，叫号功能分为出队办业务功能和显示队列功能。

3.4.6　案例实现

项目实现类 BankQue 的代码如下。

```java
import java.text.DecimalFormat;
import java.util.Scanner;
public class BankQue {
  public LinkQueue Q = new LinkQueue();
  public String DispQueue()                    // 将队中所有元素构成一个字符串返回
  {
    Node p = Q.front;
    String str = "";
    if (Q.rear == null)
      str = "空队";
    else
    {
      int i = 1;
      while (p.getNext()!=null)
      {
        str =str+"第 "+i+" 名: "+ p.getData().toString()+"\n" ;
        p = p.getNext();
        i++;
      }
      str =str+ "第 " + i + " 名: " + p.getData().toString();
    }
    return str;
  }
  public void TakeNumber(String name)
  {
    Q.offer(name);
    int n=Q.length()-1;
    System.out.println( "排队成功，您前面有 " + n+ " 个人在等候! ");
    System.out.println(DispQueue());
  }
  public void CallNumber()
  {
    Object name;
    if(!Q.isEmpty())
    {
      name=Q.poll();
      System.out.println( "请 "+ name.toString()+ " 到窗口办理业务! ");
      System.out.println(DispQueue());
    }
    else
    {
```

```
            System.out.println( " 当前没有要办理业务的客户了 !");
            return;
        }
    }
    public static void main(String[] args) throws Exception
    {
        BankQue BQ=new BankQue();
        int i=-1;
        while(i!=2){
            System.out.println(" 请选择要办理的业务种类, 0 为取号, 1 为叫号, 2 为退出。");
            Scanner in = new Scanner(System.in);
            i= in.nextInt();
            switch(i)
            {
                case 0:
                    System.out.println(" 请输入要办理业务人员姓名: ");
                    Scanner in1 = new Scanner(System.in);
                    String name=in1.nextLine();
                    if(name!=null)
                    {BQ.TakeNumber(name);}
                    else
                    {
                        System.out.println(" 请输入要办理业务人员姓名: ");
                        name=in.nextLine();
                    }
                    break;
                    case 1:
                        BQ.CallNumber();
                }
            }
            if(i==2){
                System.out.println(" 所有业务办理结束, 请退出。");
                System.exit(0);
            }
        }
    }
}
```

运行结果如下。

请选择要办理的业务种类, 0 为取号, 1 为叫号, 2 为退出。
0
请输入要办理业务人员姓名:
李明
排队成功, 您前面有 0 个人在等候!
第 1 名: 李明
请选择要办理的业务种类, 0 为取号, 1 为叫号, 2 为退出。
0
请输入要办理业务人员姓名:
王楠
排队成功, 您前面有 1 个人在等候!
第 1 名: 李明

第 2 名：王楠
请选择要办理的业务种类，0 为取号，1 为叫号，2 为退出。
0
请输入要办理业务人员姓名：
刘松涛
排队成功，您前面有 2 个人在等候！
第 1 名：李明
第 2 名：王楠
第 3 名：刘松涛
请选择要办理的业务种类，0 为取号，1 为叫号，2 为退出。
0
请输入要办理业务人员姓名：
罗美娜
排队成功，您前面有 3 个人在等候！
第 1 名：李明
第 2 名：王楠
第 3 名：刘松涛
第 4 名：罗美娜
请选择要办理的业务种类，0 为取号，1 为叫号，2 为退出。
1
请李明到窗口办理业务！
第 1 名：王楠
第 2 名：刘松涛
第 3 名：罗美娜
请选择要办理的业务种类，0 为取号，1 为叫号，2 为退出。

3.4.7　总结提高

计算机解决具有先进先出特性的问题时，队列为首选数据结构。在日常生活中，排队等待的情况比较常见，比如，在以银行营业大厅为代表的窗口业务中，大量客户的拥挤排队已成为这些企事业单位改善服务品质、提升企业形象的主要障碍。排队叫号系统的使用将成为改变这种情况的有力手段。排队系统完全模拟了人群排队的全过程，通过取票进队、排队等待、叫号服务等功能也很好地解决了顾客在服务机构办理业务时所遇到的各种排队、拥挤和混乱的问题。排队系统便是利用了队列数据结构，根据办理业务类别的不同，分别设置队列，队头的顾客优先办理业务，排队的顾客也能知道自己在队伍的什么位置等。

请同学们根据以下场景，试着编写程序解决收养宠物的问题。

有家动物收容所只收容狗与猫，且严格遵守"先进先出"的原则。在收养该收容所的动物时，收养人只能收养所有动物中"最老"（由其进入收容所的时间长短而定）的动物，或者可以挑选猫或狗（同时必须收养此类动物中"最老"的）。换言之，收养人不能自由挑选想收养的对象。请创建适用于这个系统的数据结构，实现各种操作方法，比如 enqueue、dequeueAny、dequeueDog 和 dequeueCat。允许使用 Java 内置的 LinkedList 数据结构。

能力拓展

1. 编写一个函数判断一个字符序列是否为回文序列。所谓回文序列就是正读与反读都相同的字符序列，例如：*abba* 和 *abdba* 均是回文序列。要求只使用栈来实现。

2. 请利用两个栈 S1 和 S2 来模拟一个队列。已知栈的三个运算定义如下：PUSH(ST，*x*): 元素 *x* 入 ST 栈；POP(ST，*x*): ST 栈顶元素出栈，赋给变量 *x*；Sempty(ST): 判断 ST 栈是否为空。请利用栈的运算来实现该队列的三个运算，即 enqueue: 插入一个元素入队列；dequeue: 删除一个元素出队列；queue_empty: 判队列为空。（请写明算法的思想及必要的注释）

3. 要求循环队列不损失任何一个空间，全部都能得到利用，设置一个标志 tag，以 tag 为 0 或 1 来区分头尾指针相同时的队列状态的空与满，请编写与此相应的入队与出队算法。

第 4 章

串 和 数 组

学习目标

【知识目标】
1. 掌握串的定义以及相关术语。
2. 会应用串的基本操作。
3. 掌握串的模式匹配算法：Brute-Force 算法和 KMP 算法。
4. 掌握数组的基本概念和顺序存储。
5. 会应用数组实现矩阵的压缩存储。

【能力目标】
1. 能够用串数据结构解决相关实际问题。
2. 能够用数组数据结构解决相关实际问题。
3. 会根据实际情况分析选择合适的存储结构。
4. 培养学生搜集资料、阅读资料和利用资料的能力。

【素质目标】
1. 践行社会主义核心价值观，培养学生敬业精神。
2. 培养学生良好的思想品德和文化素养。
3. 培养学生吃苦耐劳、不怕困难的精神。

学习效果

知 识 内 容		掌 握 程 度	存 在 疑 问
1. 串	串的定义及相关术语		
	串的存储		
	串的基本操作		
	串的模式匹配		
2. 数组	数组的基本概念		
	数组的顺序存储		
	特殊矩阵的压缩存储		

4.1　DNA 里的秘密——串

计算机发明初期，主要是用来辅助工程和科学计算的，其实就是大型的、高速的计算器。但是现在，人们在计算机上需要处理的非数值数据越来越多，这就需要对串有更加深入的了解。

串在现实中的应用无处不在，对于串的各种操作也在各个领域发挥着重要作用。例如，搜索引擎中用到的输入联想，就是用到了字符串的查找匹配功能；办公软件的查找替换功能也是通过字符串的查找实现的。可以说信息检索以及处理都离不开串的相关操作。

勤　学　篇

4.1.1　案例说明

图 4.1 所示的字母组成的字符串是从一个大肠杆菌基因组中截取出来的部分序列。我们能从这段基因中知道什么？什么也不能知道，因为这只是某一个大肠杆菌的基因序列并不具有普遍性。我们要做的是从这一段基因中找出隐藏信息，然后在大量个体中验证我们的猜想。那这一段基因中有什么隐藏信息呢？DNA 上的编码区由三个碱基对编码一个氨基酸。如果我们发现了这一段 DNA 中有大量重复出现的三碱基序列，那么我们便可以针对这个碱基序列展开研究。当然不仅仅是三碱基，数据表明大肠杆菌中的大部分功能蛋白由 9 个碱基编码。这就引出了一类等待我们利用算法知识解决的问题。

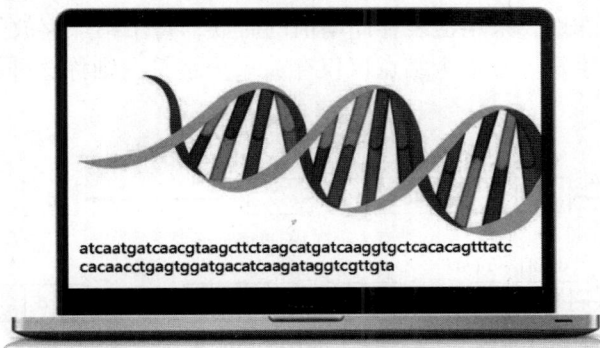

atcaatgatcaacgtaagcttctaagcatgatcaaggtgctcacacagtttatc
cacaacctgagtggatgacatcaagataggtcgttgta

图 4.1　大肠杆菌基因组中部分字母序列

4.1.2　知识储备

1. 串的定义和相关术语

（1）串（string）。串是由零个或多个字符组成的有限序列。串是一种特殊的线性表，这种特殊性表现在以下两个方面。首先，串中存储的元素是字符型数据；其次，串的操作不仅仅是针对元素个体，还针对串的整体操作，如串的复制、连接等。

串的定义和
相关术语

（2）串的长度。串中字符的个数。

（3）空串。长度为 0 的串，也就是说空串中不包含任何字符。

（4）空白串。包含一个及以上空白字符的串，其长度等于空白字符的个数。

（5）子串。串中任意个连续字符组成的子序列。

（6）主串。包含子串的串。注意，空串是任意串的子串，任意串是其自身的子串。

（7）字符在串中的位置。字符在序列中的序号。

（8）子串在主串中的位置。子串的第一个字符在主串中的位置。

（9）串相等。两个串的长度相等，且各对应位置的字符都相等。

2. 串的存储

（1）串的顺序存储。串的顺序存储方式与线性表的顺序存储结构完全相同，可以采用一组连续的存储单元来存储字符序列。在 Java 中，可以使用字符数组实现串的存储，还需要设置一个串的长度参数，用来记录串中的字符个数，如图 4.2 所示。

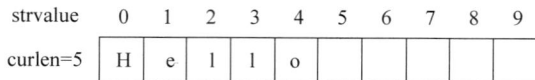

串的存储及
基本操作 1

strvalue	0	1	2	3	4	5	6	7	8	9
curlen=5	H	e	l	l	o					

图 4.2　串的顺序存储结构示意图

（2）串的链式存储。串的链式存储方式与线性表的链式存储结构类似，可以采用单链表来存储串的内容，如图 4.3 所示。在链式存储串时，存储空间被分成一系列大小相等的结点，每个结点用 data 域存放字符的值，用 next 域存放下一个结点的地址。

由于串结构的特殊性，采用链表存储串值的时候，每个结点存放的字符数可以是一个字符，也可以是多个字符。若每个结点仅仅存放一个字符，则称这种链表为单字符链表；否则称为块链表。

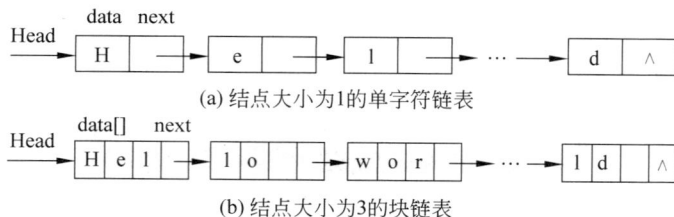

(a) 结点大小为1的单字符链表

(b) 结点大小为3的块链表

图 4.3　串的链式存储结构示意图

在串的链式存储中，单字符链表的插入、删除等操作非常方便，但是存储效率太低，因为每个字符都需要浪费一个存放指针的存储空间。而当结点存储多于一个字符的时候，虽然提高了存储效率，但是插入、删除操作跟顺序表一样需要移动字符，不方便实现，效率极低。因此在实际应用中，要根据具体情况选择合适的存储结构，才能有效地使用串，提高操作效率。

3. 串的基本操作

下面以顺序串为例讲解串的基本操作。

串的基本操作 2

（1）串的抽象数据类型定义为 SqString，具体代码如下。

```java
public class SqString {
  private char[] strvalue;
  private int curlen;
  public SqString(){
    strvalue=new char[0];
    curlen=0;
  }
  public SqString(String str){
    char[] tempchararray=str.toCharArray();
    strvalue=tempchararray;
    curlen=tempchararray.length;
  }
  public SqString(char[] value){
    this.strvalue=new char[value.length];
    for(int i=0;i<value.length;i++){
      this.strvalue[i]=value[i];
    }
    curlen=value.length;
  }
  public void allocate(int newCapacity){
    char[] temp=strvalue;
    strvalue=new char[newCapacity];
    for(int i=0;i<temp.length;i++)
      strvalue[i]=temp[i];
  }
  public char[] getStrvalue() {
    return strvalue;
  }
  public void setStrvalue(char[] strvalue) {
    this.strvalue = strvalue;
  }
  public int getCurlen() {
    return curlen;
  }
  public void setCurlen(int curlen) {
    this.curlen = curlen;
  }
}
```

（2）串清空操作 clear( )：将一个已经存在的串置成空串。

```java
public void clear(){
  this.curlen=0;
}
```

（3）判断串是否为空操作 isEmpty( )：判断当前串是否为空，若为空返回 true，否则返回 false。

```java
public boolean isEmpty(){
```

```
      return curlen==0;
   }
```

（4）求串的长度操作 length( )：返回串中字符的个数。

```
public int length(){
   return curlen;
}
```

（5）取字符操作 charAt(index)：读取并返回串中第 index 个字符值。

```
public char charAt(int index){
   if((index<0)||(index>=curlen)){
      throw new StringIndexOutOfBoundsException(index);
   }
   return strvalue[index];
}
```

（6）截取字符串操作 subString(begin，end)：返回值为当前串中从序号 begin 开始，到序号 end-1 为止的子串。

```
public SqString subString(int begin,int end){
   if(begin<0){
      throw new StringIndexOutOfBoundsException(" 起始位置不能小于 0");
   }
   if(end>curlen){
      throw new StringIndexOutOfBoundsException(" 结束位置不能大于串当前的长度 "+
      curlen);
   }
   if(begin>end){
      throw new StringIndexOutOfBoundsException(" 起始位置不能大于结束位置 ");
   }
   if(begin==0&&end==curlen){
      return this;
   }
   else{
      char[]buffer=new char[end-begin];
      for(int i=0;i<buffer.length;i++){
         buffer[i]=this.strvalue[i+begin];
      }
      return new SqString(buffer);
   }
}
```

（7）插入操作 insert(offset，str)：在当前串的第 offset 个字符之前插入串 str。

```
public String insert(int offset,String str){
   if((offset<0)||(offset>this.curlen)){
      throw new StringIndexOutOfBoundsException(" 插入位置不合法 ");
   }
```

```
int len=str.length();
int newCount=this.curlen+len;
if(newCount>strvalue.length){
  allocate(newCount);
}
for(int i=this.curlen-1;i>=offset;i--){
  strvalue[len+i]=strvalue[i];
}
for(int i=0;i<len;i++){
  strvalue[offset+i]=str.charAt(i);
}
this.curlen=newCount;
return str;
}
```

（8）删除操作 delete(begin,end)：删除当前串中从序号 begin 开始到 end-1 为止的子串。

```
public SqString delete(int begin,int end){
  if(begin<0){
    throw new StringIndexOutOfBoundsException("起始位置不能小于 0");
  }
  if(end>curlen){
    throw new StringIndexOutOfBoundsException("结束位置不能大于串当前的长度 "+
    curlen);
  }
  if(begin>end){
    throw new StringIndexOutOfBoundsException("起始位置不能大于结束位置");
  }
  for(int i=0;i<curlen;i++){
    strvalue[begin+i]=strvalue[end+i];
  }
  curlen=curlen-(end-begin);
  return this;
}
```

（9）串的连接操作 concat(str)：把串 str 连接到当前串的后面。

```
public SqString concat(SqString str){
  return insert(curlen,str);
}
```

（10）串比较操作 compareTo(str)：将当前串与目标串进行比较，若当前串大于 str，则返回一个正整数，若当前串小于 str，则返回一个负整数，若当前串等于 str，则返回 0。

```
public int compareTo(SqString str){
  int len1=curlen;
  int len2=str.curlen;
  int n=Math.min(len1, len2);
  char[] s1=strvalue;
  char[] s2=str.strvalue;
```

```
    int k=0;
    while(k<n){
        char ch1=s1[k];
        char ch2=s2[k];
        if(ch1!=ch2){
            return ch1-ch2;
        }
        k++;
    }
    return len1-len2;
}
```

（11）子串定位操作 indexOf(str，begin)：在当前串中从 begin 开始搜索与 str 相等的子串，若成功，则返回 str 在当前串中的位置，否则返回 –1。

```
public int indexOf(IString t, int start) {
    return index_KMP(t, start);
}
```

4. 串的模式匹配

串的模式匹配就是串的查找定位操作，即在当前串（主串）中寻找子串（模式串）的过程。如果在主串中找到了一个和模式串相同的子串，则查找成功；若在主串中找不到与模式串相同的子串，则查找失败。当模式匹配成功时，函数的返回值为模式串的首字符在主串中的位置；当匹配失败时，函数的返回值为 –1。

下面介绍两种常用的模式匹配算法：Brute-Force 算法和 KMP 算法。

（1）Brute-Force 算法。Brute-Force 算法的基本思想是从主串 s 的第一个字符起和模式串 t 的第一个字符进行比较，若相等，则继续逐个比较后续字符，否则从串 s 的第二个字符起再重新和串 t 进行比较。依此类推，直至串 t 中的每个字符依次和串 s 的一个连续的字符序列相等，则称模式匹配成功，此时串 t 的第一个字符在串 s 中的位置就是 t 在 s 中的位置，否则模式匹配不成功。

算法的实现代码如下。

```
// 模式匹配的 Brute-Force 算法
// 返回模式串 t 在主串中从 start 开始的第一次匹配位置，匹配失败时返回 – 1。
public int index_BF(SqString t, int start) {
    if (this != null && t != null && t.length() > 0 && this.length()>=
    t.length()) {                                    // 当主串比模式串长时进行比较
        int slen, tlen, i = start, j = 0;            //i 表示主串中某个子串的序号
        slen = this.length();
        tlen = t.length();
        while ((i < slen) && (j < tlen)) {
            if (this.charAt(i) == t.charAt(j))       //j 为模式串当前字符的下标
            {
                i++;
                j++;
            }
                                                     // 继续比较后续字符
```

```
    else {
        i=i-j+1;                              // 继续比较主串中的下一个子串
        j=0;                                  // 模式串下标退回到 0
    }
}
if (j>=t.length())                            // 一次匹配结束，匹配成功
{
    return i-tlen;                            // 返回子串序号
} else {
    return -1;
}
}
return -1;                                     // 匹配失败时返回 -1
}
```

例如，主串为 ababcabdabcabca，模式串为 abcabc，匹配过程如图 4.4 所示。

图 4.4　串的 BF 模式匹配过程

（2）KMP 算法。KMP 算法在匹配过程中指针 i 没有回溯。KMP 算法的核心思想是利用已经得到的部分匹配信息，将模式串向右"滑动"尽可能远的一段距离后继续进行后面

的匹配过程。

匹配过程中需要 next[] 函数进行辅助，并且鉴于在某些特殊情况下 next[] 函数存在缺陷，因此修正为 nextval[] 函数。KMP 算法以及相关辅助函数的实现代码如下。

```java
//KMP 模式匹配算法
public int index_KMP(IString T, int start) {
  // 在当前主串中从 start 开始查找模式串 T
  // 若找到，则返回模式串 T 在主串中的首次匹配位置，否则返回 -1
  int[] next = getNext(T);                              // 计算模式串的 next[] 函数值
  int i = start;                                        // 主串指针
  int j = 0;                                            // 模式串指针
  // 对两串从左到右逐个比较字符
  while (i < this.length() && j < T.length()) {
    // 若对应字符匹配
    if (j == -1 || this.charAt(i) == T.charAt(j)) { // j==-1 表示 S[i]!=T[0]
      i++;
      j++;                                             // 则转到下一对字符
    } else              // 当 S[i] 不等于 T[j] 时
    {
      j = next[j];                                     // 模式串右移
    }
  }
  if (j < T.length()) {
    return -1;                                         // 匹配失败
  } else {
    return (i - T.length());                           // 匹配成功
  }
}
// 计算模式串 T 的 next[] 函数值
private int[] getNext(IString T) {
  int[] next = new int[T.length()];                    //next[] 数组
  int j = 1;                                           // 主串指针
  int k = 0;                                           // 模式串指针
  next[0] = -1;
  if (T.length()>1)
    next[1] = 0;
  while (j < T.length() - 1) {
    if (T.charAt(j) == T.charAt(k)) {                  // 匹配
      next[j + 1] = k + 1;
      j++;
      k++;
    } else if (k == 0) {                               // 失配
      next[j + 1] = 0;
      j++;
    } else {
      k = next[k];
    }
  }
  return (next);
```

```
}
// 计算模式串 T 的 nextval[] 函数值
private int[] getNextVal(IString T) {
  int[] nextval = new int[T.length()];    //nextval[] 数组
  int j = 0;
  int k = -1;
  nextval[0] = -1;
  while (j < T.length() - 1) {
    if (k == -1 || T.charAt(j) == T.charAt(k)) {
      j++;
      k++;
      if (T.charAt(j) != T.charAt(k)) {
        nextval[j] = k;
      } else {
        nextval[j] = nextval[k];
      }
    } else {
      k = nextval[k];
    }
  }
  return (nextval);
}
public void setStrvalue(char c) {
}
```

4.1.3 巩固基础

巩固基础

1. 串是一种特殊的线性表，其特殊性体现在（   ）。

    A. 可以顺序存储   B. 数据元素是单个字符

    C. 可以链接存储   D. 数据元素可以是多个字符

2. 以下（   ）是 "abcd321ABCD" 串的子串。

    A. abcd   B. 321AB   C. "abcABC"   D. "21AB"

3. 对于一个链串 s，查找第一个元素值为 x 的算法的时间复杂度为（   ）。

    A. $O(1)$ B. $O(n)$ C. $O(n^2)$ D. 以上都不对

4. 串的长度是指（   ）。

    A. 串中所含不同字母的个数   B. 串中所含字符的个数

    C. 串中所含不同字符的个数   D. 串中所含非空格字符的个数

5. 设有两个串 p 和 q，求 q 在 p 中首次出现的位置的运算称作（   ）。

    A. 连接   B. 模式匹配   C. 求子串   D. 求串长

6. 串是（   ）。

    A. 不少于一个字母的序列   B. 任意个字符的序列

    C. 不少于一个字符的序列   D. 有限个字符的序列

7. 两个字符串相等的条件是（   ）。

    A. 两串的长度相等

　　B. 两串包含的字符相同

　　C. 两串的长度相等，并且两串包含的字符也相同

　　D. 两串的长度相等，并且对应位置上的字符也相同

8. 设串 s1="I am a student"，则串长度为（　　　　）。

　　A. 13　　　　　　　　B. 14　　　　　　　　C. 12　　　　　　　　D. 15

----------------------------- 善　询　篇 -----------------------------

4.1.4　头脑风暴

　　串的应用非常广泛，特别是在文本处理、信息检索等领域中扮演着重要的角色。串能够解决的问题包括模式匹配、搜索引擎、拼写检查、语言翻译、数据压缩等。通过对串的学习，你能想到现实中的哪些问题是由串来解决的？这些问题还有哪里需要改进？它还能帮你解决生活中哪些痛点问题？将心得记录到表 4.1 中，以防遗忘，也可分享出去，以获得更强的思维碰撞。学习中遇到的疑惑也可一并记录，问题是成长的阶梯，解决问题的过程就是思维进步的过程。

表 4.1　串的应用

我的想法	集思广益

----------------------------- 笃　行　篇 -----------------------------

4.1.5　案例分析

　　要想解决 DNA 里的秘密问题，可以使用暴风算法，即 Brute-Force 算法。Brute-Force 算法的基本思想是：从主串 s 的第一个字符起和模式串 t 的第一个字符进行比较，若相等，则继续逐个比较后续字符，否则从串 s 的第二个字符起再重新和串 t 进行比较。依此类推，直至串 t 中的每个字符依次和串 s 的一个连续的字符序列相等，则称模式匹配成功，此时串 t 的第一个字符在串 s 中的位置就是 t 在 s 中的位置，否则模式匹配不成功。

DNA 里的秘密案例分析

4.1.6　案例实现

　　具体代码如下。

```java
public class SqString {
  private char[] strvalue;
  private int curlen;
  public SqString(){
    strvalue=new char[0];
    curlen=0;
  }
  public SqString(String str){
    char[] tempchararray=str.toCharArray();
    strvalue=tempchararray;
    curlen=tempchararray.length;
  }
  public SqString(char[] value){
    this.strvalue=new char[value.length];
    for(int i=0;i<value.length;i++){
      this.strvalue[i]=value[i];
    }
    curlen=value.length;
  }
  public void allocate(int newCapacity){
    char[] temp=strvalue;
    strvalue=new char[newCapacity];
    for(int i=0;i<temp.length;i++)
      strvalue[i]=temp[i];
  }
  public char[] getStrvalue() {
    return strvalue;
  }
  public void setStrvalue(char[] strvalue) {
    this.strvalue = strvalue;
  }
  public int getCurlen() {
    return curlen;
  }
  public void setCurlen(int curlen) {
    this.curlen = curlen;
  }
  public void clear(){
    this.curlen=0;
  }
  public boolean isEmpty(){
    return curlen==0;
  }
  public int length(){
    return curlen;
  }
  public char charAt(int index){
    if((index<0)||(index>=curlen)){
      throw new StringIndexOutOfBoundsException(index);
```

```
    }
    return strvalue[index];
  }
  public SqString subString(int begin,int end){
    if(begin<0){
      throw new StringIndexOutOfBoundsException("起始位置不能小于0");
    }
    if(end>curlen){
      throw new StringIndexOutOfBoundsException("结束位置不能大于串当前的长度"
      +curlen);
    }
    if(begin>end){
      throw new StringIndexOutOfBoundsException("起始位置不能大于结束位置");
    }
    if(begin==0&&end==curlen){
      return this;
    }
    else{
      char[]buffer=new char[end-begin];
      for(int i=0;i<buffer.length;i++){
        buffer[i]=this.strvalue[i+begin-1];
      }
      return new SqString(buffer);
    }
  }
  public String insert(int offset,String str){
    if((offset<0)||(offset>this.curlen)){
      throw new StringIndexOutOfBoundsException("插入位置不合法");
    }
    int len=str.length();
    int newCount=this.curlen+len;
    if(newCount>strvalue.length){
      allocate(newCount);
    }
    for(int i=this.curlen-1;i>=offset-1;i--){
      strvalue[len+i]=strvalue[i];
    }
    for(int i=0;i<len;i++){
      strvalue[offset+i-1]=str.charAt(i);
    }
    this.curlen=newCount;
    return str;
  }
  public SqString delete(int begin,int end){
    if(begin<0){
      throw new StringIndexOutOfBoundsException("起始位置不能小于0");
    }
    if(end>curlen){
```

```
        throw new StringIndexOutOfBoundsException("结束位置不能大于串当前的长
        度 "+curlen);
    }
    if(begin>end){
        throw new StringIndexOutOfBoundsException("起始位置不能大于结束位置");
    }
    for(int i=0;i<curlen-end;i++){
        strvalue[begin+i-1]=strvalue[end+i-1];
    }
    curlen=curlen-(end-begin);
    return this;
}
public int compareTo(SqString str){
    int len1=curlen;
    int len2=str.curlen;
    int n=Math.min(len1, len2);
    char[] s1=strvalue;
    char[] s2=str.strvalue;
    int k=0;
    while(k<n){
        char ch1=s1[k];
        char ch2=s2[k];
        if(ch1!=ch2){
            return ch1-ch2;
        }
        k++;
    }
    return len1-len2;
}
public int index_BF(SqString t, int start) {
    if (this != null && t != null && t.length() > 0 && this.length() >=   // 当主串比模式串长时进行比较
    t.length()) {
        int slen, tlen, i = start, j = 0;                                  // i 表示主串中某个子串的序号
        slen = this.length();
        tlen = t.length();
        while ((i < slen) && (j < tlen)) {
            if (this.charAt(i) == t.charAt(j)){                            // j 为模式串当前字符的下标
                i++;
                j++;
            }                                                              // 继续比较后续字符
            else {
                i = i - j + 1;                                             // 继续比较主串中的下一个子串
                j = 0;                                                     // 模式串下标退回到 0
            }
        }
        if (j >= t.length()){                                             // 一次匹配结束，匹配成功
            return i - tlen;                                               // 返回子串序号
        }
        else {
            return -1;
```

```
            }
        }
        return -1;                                          //匹配失败时返回-1
    }
}
import java.text.DecimalFormat;
import java.util.Scanner;
public class DNAStr {
    public static void main(String[] args) throws Exception {
        System.out.println("请输入 DNA 编码：");
        Scanner in = new Scanner(System.in);
        String s = in.nextLine();
        System.out.println("请输入要验证的碱基编码：");
        Scanner in1 = new Scanner(System.in);
        String t = in1.nextLine();
        SqString sq=new SqString(s);
        SqString sq1=new SqString(t);
        int num=0;
        int i=0;
        int j=0;
        while(i<sq.getCurlen()){
            if(sq.index_BF(sq1, j)>0){
                i=sq.index_BF(sq1, j);
                num++;
                i++;
                j=i;
            }
            else{
                i++;
                j=i;
            }
        }
        System.out.println("氨基编码在 DNA 序列里出现了 "+num+" 次 ");
    }
}
```

运行结果如下。

请输入 DNA 编码：
atcaatgatcaacgtaagcttctaagcatgatcaaggtgctcacac
agtttatccacaacctgagtggatgacatcaagataggtcgttgta
请输入要验证的碱基编码：
gct
氨基编码在 DNA 序列里出现了 2 次

4.1.7　总结提高

　　串的操作与线性表差别较大，但是由于其应用领域十分广泛，因此必须对串的基本操作有深入的理解。目前的高级语言都有专门针对串的方法，Java 也不例外。在使用这些方法的时候要结合原理，以便于在遇到复杂问题时能够更加灵活地使用。

在信息技术飞速发展的今天，为了保证信息的安全，需要对重要文件进行加密处理。通过可编制简单的文本加密器，可以对指定文本文件按照指定的密钥进行加密处理，生成密码文件，也可以对指定的密文按照密钥进行解密处理，还原成明码文件。

文本文件加密的方法有很多，其中一种简单的方法就是异或运算。假设 a 是需要加密的字符的编码，k 是密钥，加密时，执行 b=a^k，则 b 就是 a 加密后的编码。解密时，只需要将密码 b 与密钥 k 再执行一次异或运算即可，即 b^k 的结果就是原来字符 a 的编码。文本文件加密的原理就是：将文件中的每个字符的 unicode 编码与密钥 k 进行异或运算后保存到一个密码文件中。解密时，将密码文件中的每个字符的 unicode 编码与同样的密钥 k 进行异或运算，然后就可以得到原来的明码文件。

请各位学习者试着实现文本加密器功能。

4.2　求解 n 阶魔方阵——数组

数组是在程序设计中使用较多的数据结构。通过数组，可以使用相同的名字去引用一系列变量，并用数字索引来识别它们。由于可以利用索引值来设计循环，因此可以在许多场合使用数组来缩短和简化程序。

勤 学 篇

4.2.1　案例说明

尝试编写代码，使用数组实现 n 阶魔方阵的输出。由 1 到 n^2 个数字组成的 $n×n$ 阶方阵，若具有每条对角线、每行和每列上的数字和都相等的性质，则称为 n 阶魔方阵。其中每条对角线、每行和每列上的数字和等于 $n(n^2+1)/2$。如图 4.5 所示就是一个 3 阶魔方阵。

8	1	6
3	5	7
4	9	2

图 4.5　一个 3 阶魔方阵

4.2.2　知识储备

1. 数组的基本概念

数组是我们十分熟悉的一种数据类型，几乎所有的程序设计语言都包含数组。

数组的特点是每个数据元素可以又是一个线性表结构。因此，数组结构可以简单地定义为：若线性表中的数据元素为非结构的简单元素，则称为一维数组，即为向量；若一维数组中的数据元素又是一维数组结构，则称为二维数组；以此类推，若二维数组中的元素又是一个一维数组结构，则称作三维数组。

2. 数组的顺序存储

从理论上讲，数组结构也可以使用两种存储结构，即顺序存储结构和链式存储结构。然而，由于数组结构没有插入、删除元素的操作，所以使用顺序存储结构更为适宜。换句话说，一般的数组结构不使用链式存储结构而普遍使用顺序存储结构。

组成数组结构的元素可以是多维的，但存储数据元素的内存单元地址是一维的，因此，在存储数组结构之前，需要解决将多维关系映射到一维关系的问题。为了将多维数组存入到一维的地址空间中，一般有两种存储方式：一种是以行序为主序的存储方式（行优先顺序）；另一种是以列序为主序的存储方式（列优先顺序）。所谓行优先顺序是指，在内存的一维空间中，首先存放数组的第一行，其次按顺序存放数组的其他各行；而列优先顺序是指，首先存放数组的第一列，其次按照顺序存放数组的其他各列。

大多数程序设计语言是按行序来排列数组元素的，Java语言也不例外。数组的顺序存储方式，为数组元素的随机存取带来了方便。因为数组是同类型数据元素的集合，所以每一个数据元素所占用的内存空间的大小是相同的，因此只要给出首地址，就可以使用统一的存储地址公式，求出数组中任意数据元素的存储地址。

例如，一个有 n 个数据元素的一维数组 a，假设 a_0 是下标为 0 的数据元素，Loc(0) 是 a_0 的内存单元地址（即数组的首地址），每一个数据元素占用 L 字节，则一维数组中任意数据元素 a_i 的内存单元地址 Loc(i) 为

$$\text{Loc}(i) = \text{Loc}(0) + i \times L \, (0 \leqslant i \leqslant n) \tag{4.1}$$

由上述公式可知，已知数组元素的下标，就可以计算出该数组元素的存储地址，即数组是一种随机存储结构。由于一个下标能够唯一确定数组中的一个数据元素，因而计算数组元素的存储地址的时间复杂度是 $O(1)$。

同理可以推算出二维数组以及 n 维数组的存储位置计算公式。

3. 特殊矩阵的压缩存储

在许多的科学技术和工程计算中，矩阵常常是数值分析问题研究的对象。在数值分析中，经常会出现一些拥有许多相同元素或者零元素的高阶矩阵。把具有许多相同元素或者零元素，且数据元素分布具有一定规律的矩阵称为特殊矩阵，例如，对称矩阵、三角矩阵和对角矩阵。为了节省存储空间，需要对这类矩阵压缩存储。压缩存储的原则是：多个值相同的矩阵元素分配同一个存储空间，零元素不分配存储空间。

1）对称矩阵的压缩方法

对称矩阵的特点是 $a_{ij}=a_{ji}$。一个 $n \times n$ 的方阵，共有 n^2 个元素，并且以主对角线为轴线的对称位置上的元素值相等。因此只需要为每一对对称元素分配一个存储单元即可，这样的对称矩阵中有 $n(n-1)/2$ 个元素可以通过其他元素获得。

压缩的方法是首先将二维关系映射成一维关系，并只存储其中必要的 $n(n+1)/2$ 个（主对角线和下三角）元素内容，这些元素的存储顺序以行为主序。

矩阵 a 中的任意一个元素 $a[i][j]$ 与一维数组中的第 k 个元素 $s[k]$ 相对应。其中，k 与 i、j 的对应公式如下。

$$k = \begin{cases} \dfrac{i(i+1)}{2} + j & （当 \, i \geqslant j \, 时） \\[2mm] \dfrac{j(j+1)}{2} + i & （当 \, i < j \, 时） \end{cases} \tag{4.2}$$

2）三角矩阵的压缩方法

三角矩阵的压缩存储与上面讲述的对称矩阵的压缩存储一样，以下三角矩阵为例来说明，矩阵 a 中任意一个元素 a_{ij} 经过压缩存储后，与一维数组的下标 k 之间的关系如下。

$$k = \begin{cases} \dfrac{i \times (i+1)}{2} + j & (i \geq j;\ 0 \leq i, j \leq n-1) \\ \text{空} & (i < j;\ 0 \leq i, j \leq n-1) \end{cases} \quad (4.3)$$

其中，i 为行下标，j 为列下标。

同理可知上三角矩阵压缩存储时，矩阵 a 中任意一个元素 a_{ij} 经过压缩存储后，与一维数组的下标 k 之间的关系如下。

$$k = \begin{cases} \dfrac{1}{2} j \times (j+i) + i & (i \leq j;\ 0 \leq i, j \leq n-1) \\ \text{空} & (i > j;\ 0 \leq i, j \leq n-1) \end{cases} \quad (4.4)$$

其中，i 为行下标，j 为列下标。

3）对角矩阵的压缩方法

对角矩阵如图 4.6 所示，其压缩存储主要考虑的是非零元素，图中的对角矩阵称为半宽带为 d（此处 $d=1$）的带状矩阵（带宽等于 $2d+1$），d 为直接在对角线上、下方不为 0 的对角线数。对于 n 阶 $2d+1$ 对角矩阵，只需要存放对角区域内 $n(2d+1)-d(d+1)$ 个非零元素。用一维数组作为对角矩阵的存储结构，则对角矩阵中每一个元素的存储地址的计算公式如下。

$$\text{Loc}(i, j) = \text{Loc}(0,0) + [i(2d+1) + d + (j-i)] \times L$$

其中，$0 \leq i \leq n-1$，$0 \leq j \leq n-1$，$|i-j| \leq d$。L 是每个矩阵元素所占的存储单元的大小。

4）稀疏矩阵的压缩方法

若一个 $m \times n$ 的矩阵含有 t 个非零元素，且 t 远远小于 $m \times n$，则我们将这个矩阵称为稀疏矩阵，如图 4.7 所示。

$$A = \begin{bmatrix} a_{00} & a_{01} & 0 & 0 & 0 \\ a_{10} & a_{11} & a_{12} & 0 & 0 \\ 0 & a_{21} & a_{22} & a_{23} & 0 \\ 0 & 0 & a_{32} & a_{33} & a_{34} \\ 0 & 0 & 0 & a_{43} & a_{44} \end{bmatrix}$$

图 4.6　对角矩阵

$$\begin{bmatrix} 3 & 0 & 0 & 0 & 7 \\ 0 & 0 & -1 & 0 & 0 \\ -1 & -2 & 0 & 0 & 0 \\ 0 & 0 & 0 & 0 & 0 \\ 0 & 0 & 0 & 2 & 0 \end{bmatrix}$$

图 4.7　稀疏矩阵

稀疏矩阵的压缩存储方法是三元组表示法。

矩阵中的每个元素都是由行序号和列序号唯一确定的，因此，我们需要用三项内容表示稀疏矩阵中的每个非零元素，其形式如下。

$$(i, j, \text{value})$$

其中，i 表示行号，j 表示列号，value 表示非零元素的值，通常将它称为三元。我们将稀疏矩阵中的所有非零元素用这种三元的形式表示，并将它们按以行为主的顺序存放在一个一维数组中，就形成了我们所说的三元组表示法。图 4.7 所示的稀疏矩阵对应的三元组如图 4.8 所示。

	i	j	value
0	1	1	3
1	1	5	7
2	2	3	−1
3	3	1	−1
4	3	2	−2
5	5	4	2

图 4.8　稀疏矩阵对应的三元组表示

稀疏矩阵的三元组表示结点类、顺序表类、矩阵打印以及矩阵转置代码实现如下。

```java
// 稀疏矩阵的三元组结点类
public class TripleNode {
  private int row;                                   // 行号
  private int column;                                // 列号
  private int value;                                 // 元素值
  public int getColumn() {
    return column;
  }
  public void setColumn(int column) {
    this.column = column;
  }
  public int getRow() {
    return row;
  }
  public void setRow(int row) {
    this.row = row;
  }
  public int getValue() {
    return value;
  }
  public void setValue(int value) {
    this.value = value;
  }
  public TripleNode(int row, int column, int value)   // 有参构造方法
  {
    this.row = row;
    this.column = column;
    this.value = value;
  }
  public TripleNode()                                 // 无参构造方法
  {
    this(0, 0, 0);
  }
  public String toString()                            // 三元组描述字符串
  {
    return "(" + row + "," + column + "," + value + ")";
  }
}
```

```java
// 稀疏矩阵的三元组顺序表类
public class SparseMatrix {
  private TripleNode data[];                    // 三元组表
  private int rows;                             // 行数
  private int cols;                             // 列数
  private int nums;                             // 非零元素个数
  public TripleNode[] getData() {
    return data;
  }
  public void setData(TripleNode[] data) {
    this.data = data;
  }
  public int getCols() {
    return cols;
  }
  public void setCols(int cols) {
    this.cols = cols;
  }
  public int getNums() {
    return nums;
  }
  public void setNums(int nums) {
    this.nums = nums;
  }
  public int getRows() {
    return rows;
  }
  public void setRows(int rows) {
    this.rows = rows;
  }
  public SparseMatrix(int maxSize) {            // 构造方法
    data = new TripleNode[maxSize];             // 为顺序表分配 maxSize 个存储单元
    for (int i = 0; i < data.length; i++) {
      data[i] = new TripleNode();
    }
    rows = 0;
    cols = 0;
    nums = 0;
}
// 构造方法，从一个矩阵创建三元组表 , mat 为稀疏矩阵
public SparseMatrix(int mat[][]) {
  int i, j, k = 0, count = 0;
  rows = mat.length;                            // 行数
  cols = mat[0].length;                         // 列数
  for (i = 0; i < mat.length; i++)              // 统计非零元素的个数
  {
    for (j = 0; j < mat[i].length; j++) {
      if (mat[i][j] != 0) {
        count++;
```

```
            }
        }
    }
    nums = count;                                        // 非零元素的个数
    data = new TripleNode[nums];                         // 申请三元组结点空间
    for (i = 0; i < mat.length; i++) {
        for (j = 0; j < mat[i].length; j++) {
            if (mat[i][j] != 0) {
                data[k] = new TripleNode(i, j, mat[i][j]);   // 建立三元组
                k++;
            }
        }
    }
}
// 矩阵转置
public SparseMatrix transpose() {
    SparseMatrix tm = new SparseMatrix(nums);            // 创建矩阵对象
    tm.cols = rows;                                      // 行数变为列数
    tm.rows = cols;                                      // 列数变为行数
    tm.nums = nums;                                      // 非零元素个数不变
    int q = 0;
    for (int col = 0; col < cols; col++) {
        for (int p = 0; p < nums; p++) {
            if (data[p].getColumn() == col) {
                tm.data[q].setRow(data[p].getColumn());
                tm.data[q].setColumn(data[p].getRow());
                tm.data[q].setValue(data[p].getValue());
                q++;
            }
        }
    }
    return tm;
}
// 快速矩阵转置
public SparseMatrix fasttranspose() {
    SparseMatrix tm = new SparseMatrix(nums);            // 创建矩阵对象
    tm.cols = rows;                                      // 行数变为列数
    tm.rows = cols;                                      // 列数变为行数
    tm.nums = nums;                                      // 非零元素个数不变
    int i, j = 0, k = 0;
    int[] num, cpot;
    if (nums > 0) {
        num = new int[cols ];
        cpot = new int[cols ];
        for (i = 0; i < cols; i++)                       // 每列非零元素个数数组 num 初始化
        {
            num[i] = 0;
        }
        for (i = 0; i < nums; i++)                       // 计算每列非零元素个数
```

```
            {
                j = data[i].getColumn();
                num[j]++;
            }
            cpot[0] = 0;
            for (i = 1; i < cols; i++)            // 计算每列第 1 个非零元素在 tm 中的位置
            {
                cpot[i] = cpot[i - 1] + num[i - 1];
            }
            // 执行转置操作
            for (i = 0; i < nums; i++) {          // 扫描整个三元组顺序表
                j = data[i].getColumn();
                k = cpot[j];                      // 该元素在 tm 中的位置
                tm.data[k].setRow( data[i].getColumn());   // 转置
                tm.data[k].setColumn(data[i].getRow());
                tm.data[k].setValue( data[i].getValue());
                cpot[j]++;                        // 该列下一个非零元的存放位置
            }
        }
        return tm;
    }
    // 输出稀疏矩阵
    public void printMatrix() {
        int i;
        System.out.println(" 稀疏矩阵的三元组存储结构 :");
        System.out.println(" 行数: " + rows + ", 列数: " + cols + ", 非零元素个数: " + nums);
        System.out.println(" 行下标  列下标  元素值 ");
        for (i = 0; i < nums; i++) {
            System.out.println(data[i].getRow() + "\t" + data[i].getColumn() + "\t" +
            data[i].getValue());
        }
    }
}
```

4.2.3　巩固基础

1. 常对数组进行的两种基本操作是（　　　）。

    A. 建立与删除　　　　　　　　　　B. 索引与修改

    C. 查找与修改　　　　　　　　　　D. 查找与索引

巩固基础

2. 数组 A[0..5，0..6] 的每个元素占五个字节，将其按列优先次序存储在起始地址为 1000 的内存单元中，则元素 A[5，5] 的地址是（　　　）。

    A. 1175　　　　　　　B. 1180　　　　　　　C. 1205　　　　　　　D. 1210

3. 对稀疏矩阵进行压缩存储目的是（　　　）。

    A. 便于进行矩阵运算　　　　　　　B. 便于输入和输出

    C. 节省存储空间　　　　　　　　　D. 降低运算的时间复杂度

4. 设二维数组 a[6，10]，每个数组元素占用 4 个存储单元，若按行优先顺序存放数组元素，a[0，0] 的存储地址为 860，则 a[3，5] 的存储地址是（　　　）。

  A. 1000   B. 860   C. 1140   D. 1200

  5. 设二维数组 a[6，10]，每个数组元素占用 4 个存储单元，若按行优先顺序存放的数组元素，a[3，5] 的存储地址为 1000，则 a[0，0] 的存储地址是（　　　）。

  A. 872   B. 860   C. 868   D. 864

  6. 一个稀疏矩阵用三元组表示法压缩后，和直接采用二维数组存储相比会失去（　　　）特性。

  A. 顺序存储   B. 随机存取   C. 输入输出   D. 以上都不对

■ 善 询 篇

4.2.4　头脑风暴

  数组的主要用途是存储固定大小的同类型元素，它提供了一种简单且高效的方式来组织和访问这些元素。数组的优势在于其可以快速地通过索引直接访问任何位置的元素，这种特性使得数组在处理需要随机访问的数据时非常有用。例如，在图像处理、音频处理以及科学计算等领域，数组是一个不可或缺的工具，因为它能够方便地存储和处理一系列的数据点。通过对数组的学习你能想到它可以帮你解决生活中的哪些痛点问题？哪些问题也可以由数组来解决？将心得记录到表 4.2 中，以防遗忘，也可分享出去，以获得更强的思维碰撞。学习中遇到的疑惑也可一并记录，问题是成长的阶梯，解决问题的过程就是思维进步的过程。

表 4.2　数组的应用

我的想法	集思广益

■ 笃 行 篇

4.2.5　案例分析

  首先定义一个 $n \times n$ 的二维数组，作为 n 阶魔方阵的数据结构，然后按照以下步骤将 $1 \sim n^2$ 个数字顺序填入方阵。

（1）将数字 1 放在第一行的中间位置上，即 (0，*n*/2) 这个位置。

（2）下一个数字放在当前位置 (*i*，*j*) 的上一行 (*i*–1)、下一列 (*j*–1)，即当前位置的右上方；如果出现以下情况，则修改填充位置。

　① 若当前位置是第一行，下个数字放在最后一行，即把 *i*–1 修改为 *n*–1；

　② 若当前位置是最后一列，下一个数字放在第一列，即把 *j*–1 修改为 *n*–1；

　③ 若下一个数字要放的位置上已经有了数字，则下一个数字放在当前位置的下一行，相同列。

（3）重复上述过程，直到将 n^2 个数字不重复地填入方阵中为止。

4.2.6　案例实现

具体实现代码如下。

```java
public class Magic {
  public Magic(int n){
    int mat[][]=new int[n][n];
    int i=0,j=n/2;
    for(int k=1;k<=n*n;k++){
      mat[i][j]=k;
      if(k%n==0){
        i=(i+1)%n;
      }
      else{
        i=(i-1+n)%n;
        j=(j+1)%n;
      }
    }
    for(i=0;i<mat.length;i++){
      for(j=0;j<mat[i].length;j++){
        System.out.print(mat[i][j]+"\t");
      }
      System.out.println();
    }
  }
}
import java.util.Scanner;
public class MagicDemo {
  public static void main(String[] args) {
    int n;
    Scanner scanner=new Scanner(System.in);
    System.out.println("请输入魔方阵的阶数 n（奇数）");
    n=scanner.nextInt();
    System.out.println(n+"阶魔方阵：");
    new Magic(n);
  }
}
```

运行结果如下。

请输入魔方阵的阶数 n（奇数）

5

5 阶魔方阵：

17	24	1	8	15
23	5	7	14	16
4	6	13	20	22
10	12	19	21	3
11	18	25	5	9

4.2.7 总结提高

数组在编程语言中是一种常用的数据类型，通过数组可以使用相同的名字引用一系列变量，并且用数字索引来识别它们，在解决实际问题的时候可以缩短和简化程序。尤其是特殊矩阵采用了压缩存储之后，更加节省存储空间，提高使用效率。在熟练掌握了数组的存储结构及特点之后，可以参照稀疏矩阵的三元组表示存储这种顺序存储方式，尝试编写程序，实现稀疏矩阵的链式存储，如稀疏矩阵的十字链表存储等。

能力拓展

1. 编写程序实现文本编辑器的功能。输入一页文字，程序可以统计出文字、数字、空格的个数。静态存储一页文章，每行最多不超过 80 个字符，共 N 行。

要求：

（1）分别统计出其中英文字母数和空格数及整篇文章总字数。

（2）统计某一字符串在文章中出现的次数，并输出该次数。

（3）删除某一字符或者子串，并将后面的字符前移。

（4）插入某一字符或者子串。

（5）查找某一字符或者子串。

存储结构使用线性表，分别用几个子函数实现相应的功能；输入数据的形式和范围，可以输入大写、小写的英文字母，任何数字及标点符号。

2. 实现稀疏矩阵的链式存储。

第 5 章

树和二叉树

学习目标

【知识目标】

1. 掌握树的定义、相关术语，各种表示方法以及存储方式。
2. 掌握二叉树的定义、性质和存储方式。
3. 了解树、二叉树和森林之间的关系。

【能力目标】

1. 能够应用树、二叉树的结构特点解决实际问题。
2. 能够应用二叉树的性质解决实际问题。
3. 能够对树、二叉树和森林进行不同方式的遍历。
4. 能够完成树、森林和二叉树之间的相互转换。
5. 能够构造哈夫曼树并生成哈夫曼编码。

【素质目标】

1. 践行社会主义核心价值观，继承与弘扬爱国精神。
2. 培养尊重自然、爱护环境的意识。
3. 培养家国情怀和创新精神。
4. 培养良好的职业道德和团队合作精神。

学习效果

知识内容		掌握程度	存在疑问
1. 树	树的定义		
	树的相关术语		
	树的表示方法		
	树的存储结构		
	树的遍历		
	森林的遍历		
2. 二叉树	二叉树的定义		
	二叉树与树的区别		
	满二叉树、完全二叉树的定义		
	二叉树的性质、存储、遍历		
	哈夫曼树及哈夫曼编码		
3. 树、森林和二叉树的转换	树、森林转换成二叉树		

5.1 随机生成树——树

看到"树"很容易联想到现实生活中的树木，树可以净化空气、防止水土流失、保护生态环境，像一个"绿色工厂"，发挥着不可替代的作用。数据结构中的树不仅在形态上与现实生活中的树类似，作用也是同样的重要。操作系统中的文件管理、菜单等，都是树形结构的典型应用，这样的结构既直观方便又能缩短查找路径，可大大提高查找效率；很多决策类游戏中的决策判断，也使用了树形结构；各种查找算法的实现更是离不开树，例如，B 树、红黑树等。因此，只有深入了解树和二叉树的结构特点和性质，才能够在实际生活中灵活运用，解决相应的问题。

勤 学 篇

5.1.1 案例说明

尝试将几种不同类别的信息随机生成树形结构，通过最直观的方式体会树形结构清晰、方便查找的特点。运行界面如图 5.1 所示，单击"随机生成树"按钮可以变换类别。

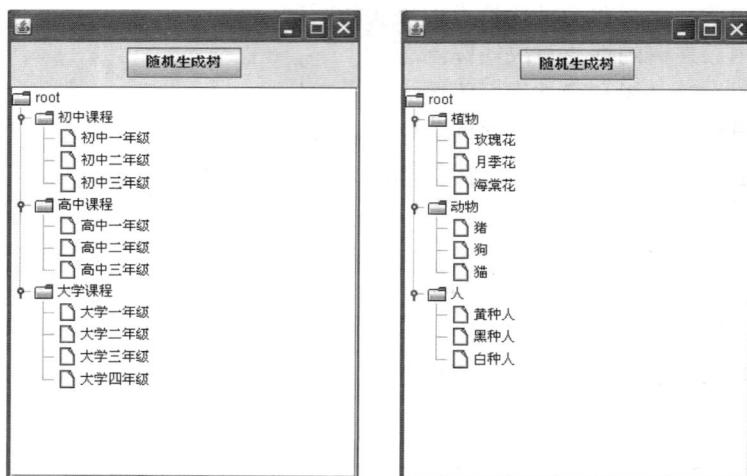

图 5.1 随机生成树

5.1.2 知识储备

在第 2 章的线性表中我们介绍了顺序表和链表的特点以及其各自的优势。线性表可以提供快速查找的功能，但是不利于数据更新；链表可以实现快速插入、删除等更新操作，却不方便查找。那么，有没有一种数据结构，能够结合链表和顺序表的优点，既能快速插入、删除，又能快速查找呢？树就具备了这些特点，是使用范围非常广泛的一种数据结构。

1. 树的定义

树是一种非线性的数据结构，之所以把它称为"树"是因为它的形态跟现实生活中的树相似，只不过是树根在上，树叶在下的。

　　树（tree）是 n（$n \geq 0$）个有限数据元素的集合。当 $n=0$ 时，称这棵树为空树。一棵非空的树 T 具有以下特点。

树的定义和逻
辑表示方法

　　（1）有且仅有一个特殊的数据元素称为树的根结点，根结点没有前驱结点。

　　（2）若 $n>1$，则除根结点之外的其余数据元素被分成 m（$m>0$）个互不相交的集合 T_1，T_2，…，T_m，其中每一个集合 T_i（$1 \leq i \leq m$）本身又是一棵树。树 T_1，T_2，…，T_m 称为根结点的子树。

　　（3）每个结点有 0 个或者多个子结点。

　　（4）每一个子结点只有一个父结点。

　　可以看出，在树的定义中用了递归概念，即用树来定义树。这是树的固有特性。

　　根据上述定义和特点，可以判断图 5.2 中哪些是树形结构，哪些不是树形结构。

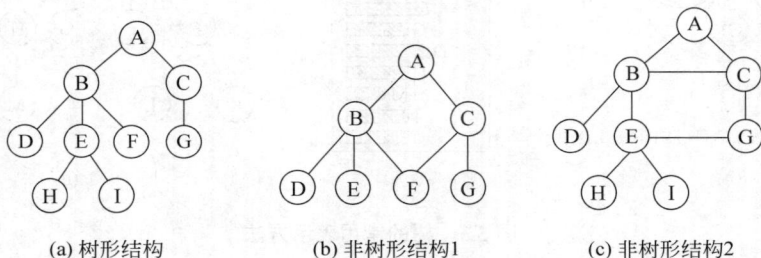

(a) 树形结构　　　　(b) 非树形结构1　　　　(c) 非树形结构2

图 5.2　结构图

　　图 5.2（a）所示为一棵标准的树，其中 A 结点是根结点，B 和 C 是 A 的孩子，也是根结点子树的树根。同理可知，D、E 和 F 是 B 的孩子，也是 B 结点子树的树根，G 是 C 的孩子，也是 C 结点子树的树根，以此类推直到每棵子树都只有一个根结点为止。

2. 树的相关术语

　　（1）结点。包含一个数据元素及若干指向子树的分支信息。

　　（2）孩子结点。结点的子树的根称为该结点的孩子。

　　（3）双亲结点。B 结点是 A 结点的孩子，则 A 结点是 B 结点的双亲。

　　（4）兄弟结点。同一双亲的孩子结点。

　　（5）堂兄弟结点。双亲在同一层的结点互为堂兄弟。

　　（6）结点的层。根结点的层定义为 1；根的孩子为第 2 层结点，以此类推。

树的基本术
语和性质

　　（7）树的高度。树中结点的最大层次。

　　（8）结点的度。结点子树的个数。

　　（9）树的度。树内各结点的度的最大值。

　　（10）叶子结点。也叫终端结点，是度为 0 的结点。

　　（11）分支结点。度不为 0 的结点。

　　（12）有序树。树中结点的子树从左到右有固定顺序，不能交换位置，如家族树。

（13）无序树。子树没有顺序要求。

（14）森林。是 m（$m \geqslant 0$）棵互不相交的树的集合。

（15）路径。树中的 k 个结点 n_1，n_2，$\cdots$，n_k 满足 n_i 是 n_{i+1} 的双亲，n_1 到 n_k 有一条路径。

（16）路径长度。路径长度＝路径上结点个数 -1。

3. 树的表示方法

树的常用表示方法如图 5.3 所示，有文氏图表示法、广义表表示法、凹入图表示法和直观表示法。

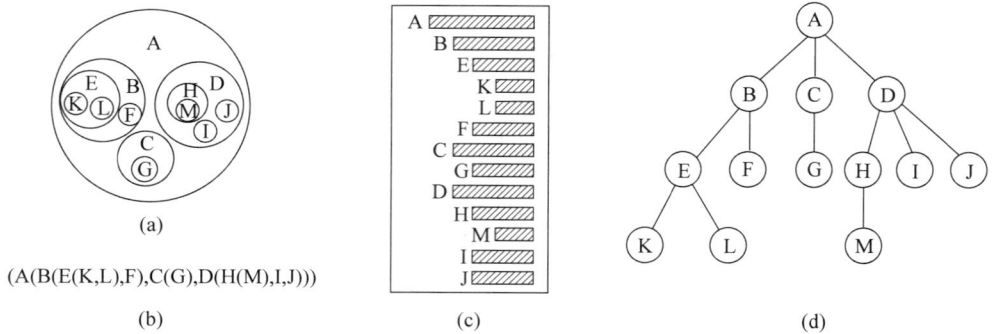

(A(B(E(K,L),F),C(G),D(H(M),I,J)))

(a)   (b)   (c)   (d)

图 5.3 树的常用表示方法

4. 树的存储结构

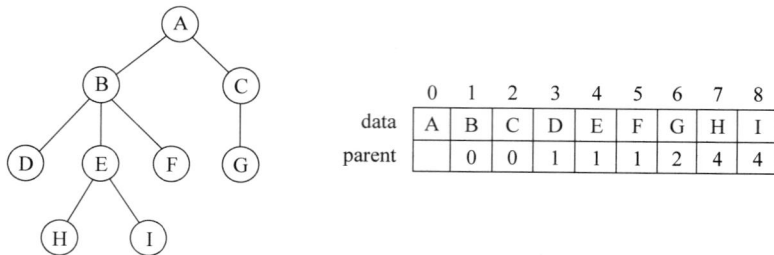

（1）双亲链表表示法。由于树中的结点可能既有孩子又有双亲，因此使用双亲表示法存储树是通过保存每个结点的双亲结点的位置，来表示树中结点之间的结构关系的，并以一组连续的存储空间来存放树的结点，同时在结点中附设一个指针，存放双亲结点在链表中的位置。如图 5.4 所示，将树的结点按照从上到下、从左到右的顺序由 0 开始编号，用数组来存储结点和双亲的对应关系。

树的存储结构

	0	1	2	3	4	5	6	7	8
data	A	B	C	D	E	F	G	H	I
parent		0	0	1	1	1	2	4	4

图 5.4 双亲表示法存储树

双亲表示法存储树的优点是：节省空间、便于从下向上对树中结点进行访问、方便进行子树的插入操作。缺点是：由于没有记录双亲到孩子的对应关系，因此不方便从上向下访问树中的结点。

（2）孩子表示法。这种方法是通过存储每个结点孩子的位置来反映树形结构中结点之间的关系。以图 5.5 中的树为例来说明，可以采用顺序存储或者链式存储两种方式。

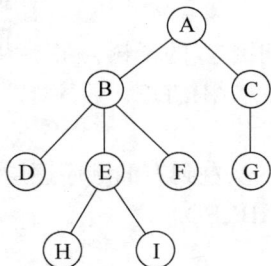

图 5.5 孩子表示法的顺序存储

通过图 5.5 可以很直观地看出，孩子表示法的顺序存储方便从上向下访问树中的结点，但是不方便查找结点的双亲，同时造成了空间的浪费，可以改用链表来存储，具体情况如图 5.6 所示。

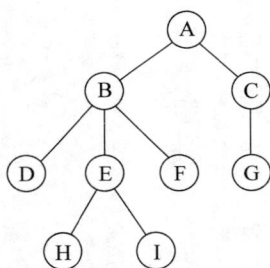

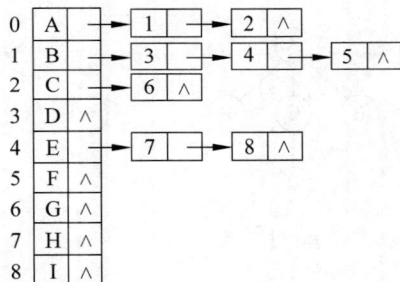

图 5.6 孩子表示法的链式存储

很明显链式存储比顺序存储减少了空间浪费，但是不方便查找结点双亲的问题依然存在，可以在列表中加入双亲结点的信息，如图 5.7 所示。

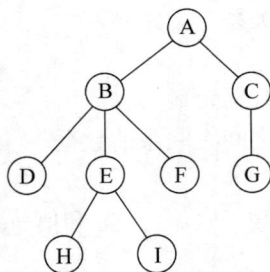

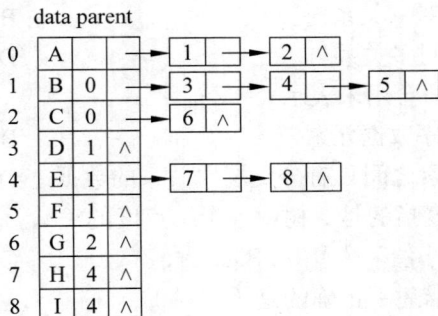

图 5.7 带双亲的孩子链表

树的存储方式还有孩子兄弟表示法等多种形式，每种存储方式都有自己的优点和缺点，因此要根据具体情况选择最适合的方式，此处不再详细介绍。

5. 树的遍历

（1）树的先序遍历。如果树非空，则先访问根结点，然后依次先序遍历根结点的子树。

（2）树的后序遍历。如果树非空，则依次后序遍历根结点的子树，最后访问根结点。如图 5.8（a）所示的树，先序遍历结果为 ABCDE，后序遍历结果为 BDCEA。

树的遍历

（3）树的层序遍历。如果树非空，则按照从上到下、从左到右的顺序逐层遍历树中的所有结点。如图 5.8（a）所示的树，其层序遍历结果为 ABCED。

6. 森林的遍历

（1）森林的先序遍历。若森林非空，则首先访问森林中第一棵树的根结点，接下来先序遍历第一棵树的所有子树，最后先序遍历除第一棵树以外其他树构成的森林。

（2）后序遍历森林。若森林非空，则首先后序遍历森林中第一棵树的所有子树，接下来访问第一棵树的根结点，然后后序遍历除第一棵树外其他树构成的森林。如图 5.8（b）所示的森林，先序遍历结果为 ABCDEFGHJI，后序遍历结果为 BCDAFEJHIG。

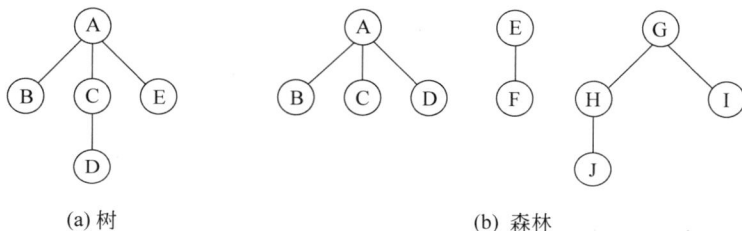

(a) 树   (b) 森林

图 5.8   树和森林

5.1.3　巩固基础

巩固基础

1. 树形结构是指数据元素之间存在一种（　　　）。
   A. 一对一关系　　　　　　　　　　　B. 多对多关系
   C. 一对多关系　　　　　　　　　　　D. 任意关系
2. 树最适合用来表示（　　　）。
   A. 有序数据元素　　　　　　　　　　B. 无序数据元素
   C. 元素之间具有分支层次关系的数据　D. 元素之间无联系的数据
3. 树的度指的是，树中各个结点度的（　　　）。
   A. 最小值　　　　　B. 最大值　　　　　C. 平均值　　　　　D. 和值
4. 下列描述不正确的是（　　　）。
   A. 树形结构的特点是一个结点可以有多个直接前驱
   B. 树形结构的特点是一个结点可以有多个直接后继
   C. 树形结构是一种分支层次结构
   D. 树形结构可以表示非线性的数据关系

5.1.4 头脑风暴

思考一下，在现实生活中有哪些场景用到了树形结构？在应用过程中是否充分发挥了树的优点？树形结构有没有缺点？应该如何改进？将心得记录到表 5.1 中，以防遗忘，也可分享出去，以获得更强的思维碰撞。学习中遇到的疑惑也可一并记录，问题是成长的阶梯，解决问题的过程就是思维进步的过程。

表 5.1　树形结构的应用

我的想法	集思广益

5.1.5 案例分析

随机生成树其实就是在自定义的数组范围内随机产生树形结构并显示出来。Java 提供了丰富的组件可以用来创建菜单、窗体、按钮等，包括 JFrame、JMenu、JMenuItem 等，每个组件都继承了可供用户直接调用的方法，再加上相应的事件处理，程序结构就比较完整了。

5.1.6 案例实现

具体代码如下。

```java
import java.awt.BorderLayout;
import java.awt.Dimension;
import java.awt.event.ActionEvent;
import java.awt.event.ActionListener;
import java.util.Random;
import javax.swing.JButton;
import javax.swing.JFrame;
import javax.swing.JPanel;
import javax.swing.JScrollPane;
import javax.swing.JTree;
import javax.swing.tree.DefaultMutableTreeNode;
public class Randomtree extends JFrame {
    private JTree tree;
```

```
public static String[] school = {"初中课程", "高中课程", "大学课程"};
public static String[] color = {"颜色", "运动", "食物"};
public static String[] plant = {"植物", "动物", "人"};
public static String[][] school2= {
    {"初中一年级", "初中二年级", "初中三年级"}, {"高中一年级", "高中二年级",
    "高中三年级"}, {"大学一年级", "大学二年级", "大学三年级", "大学四年级"} };
public static String[][] color2 = {
    {"绿色", "白色", "红色"}, {"足球", "篮球","羽毛球"}, {"面包", "牛奶",
    "披萨", "热狗"} };
public static String[][] plant2 = {
    {"玫瑰花", "月季花", "海棠花"}, {"猪", "狗","猫"}, {"黄种人", "黑种人",
    "白种人", } };
public static void main(String[] args) {
    // TODO 自动生成方法存根
    new Randomtree();
}
public Randomtree() {
    super();
    final Random random=new Random();
    setVisible(true);
    setSize(300,400);
    tree = new JTree();
    final JPanel panel = new JPanel();
    panel.setPreferredSize(new Dimension(0, 40));
    getContentPane().add(panel, BorderLayout.NORTH);
    final JScrollPane scrollPane = new JScrollPane();
    scrollPane.setPreferredSize(new Dimension(300, 350));
    getContentPane().add(scrollPane, BorderLayout.CENTER);
    final JButton button = new JButton();
    button.addActionListener(new ActionListener() {
        public void actionPerformed(ActionEvent arg0) {
            int k=random.nextInt(3);
            tree=getTree(k);
            scrollPane.setViewportView(tree);
        }
    });
    scrollPane.setViewportView(null);
    button.setText("随机生成树");
    panel.add(button);
    pack();
}
protected JTree getTree(int n) {
    String[] second=null;
    String[][] three=null;
    if(n==0){second=school; three=school2;}
    if(n==1){second=color; three=color2;}
    if(n==2){second=plant; three=plant2;}
    DefaultMutableTreeNode root=new DefaultMutableTreeNode("root");
    for(int i=0;i<second.length;i++){
```

```
DefaultMutableTreeNode secondNode=new
DefaultMutableTreeNode(second[i]);
for (int j=0;j<three[i].length;j++){
  DefaultMutableTreeNode threetNode=new
  DefaultMutableTreeNode(three[i][j]);
  secondNode.add(threetNode);
}
root.add(secondNode);
}
JTree tree=new JTree(root);
tree.expandRow(1);
tree.expandRow(5);
tree.expandRow(9);
return tree;
}
}
```

5.1.7　总结提高

　　目前，树形结构的应用无处不在，几乎所有软件的菜单都采用树形结构来实现，操作系统的文件管理也离不开树，因此对于树的定义、术语和存储特点都要深刻理解并且能够灵活应用。随机生成树项目完成之后可以尝试设计一个简易的家谱管理系统，以强化对于树的理解，提高应用能力。

　　家谱是中国特有的文化遗产，是中华民族的三大文献（国史、地志、族谱）之一，属于珍贵的人文资料。家族中的成员之间存在"一对多"的层次结构关系，跟树形结构十分相似，因此用树形结构来表示家谱顺理成章。简易家谱管理系统的实质是完成对家谱成员信息的插入、修改、删除等功能，也就是树形结构中结点的创建、插入和删除等操作。将每个功能写成一个方法，最后在主类中调用方法并得出运行结果。

5.2　哈夫曼编码器——二叉树

　　二叉树是不同于树的又一种典型非线性结构，在很多领域都有其应用需求。例如，编辑器设计的表达式树，数据压缩时经常用到的哈夫曼编码，大型数据库的快速搜索，游戏中的场景划分、碰撞测试、渲染等。

勤　学　篇

5.2.1　案例说明

　　在信息通信领域中，信息的传送速度至关重要，而传送速度与传送的信息量有关。传送信息时需要将信息符号转换成二进制符号串，如果能够使出现次数最多的字符对应的符号串最短，就可以缩小信息量。利用哈夫曼编码进行信息通信可以大大提高信道利用率，缩短信息传输时间，降低传输成本。请尝试编写程序，实现如下功能：根据给定信息构造哈夫曼树，生成哈夫曼编码并将其输出。

5.2.2　知识储备

中央电视台曾经有一款收视率很高的节目叫作《购物街》，其中有一个游戏环节要求选手在限定时间内尽可能多地猜中商品的价格，猜出几件就可以拿走几件。主持人会根据选手每次的估价提示"高了"或者"低了"。

不要认为这只是简单的游戏，最有水平的选手可以在一分钟内猜中8样商品的价格，是运气好吗？当然不是。喜欢动脑筋的观众会发现命中率高的选手猜价格的时候都会采用同样一种策略——折半法。例如，目标商品的价格是325元，先猜100的整数倍的数字，这样可以最快锁定商品百位的价格，当确定价格范围在300到400之间时，继续猜350，如果"高了"继续猜325，如果"低了"就猜375，以此类推，这种方式的命中率远远高于没有任何章法的胡乱猜测。其实折半法的猜测过程就是一棵二叉树的形成过程。

1. 二叉树的定义

二叉树是由 n（$n \geq 0$）个结点所构成的有限集合。当 $n=0$ 时，这个集合为空二叉树；当 $n>0$ 时，这个集合由一个根结点加上两棵分别称为左子树和右子树的、互不相交的二叉树组成。

二叉树的定义

2. 二叉树与树的区别

（1）树中的结点可以有多棵子树，而二叉树中的结点最多有两棵子树。

（2）树中的子树是无序的，而二叉树中的子树有严格的左、右之分。如图 5.9 所示给出了二叉树的五种基本形态。

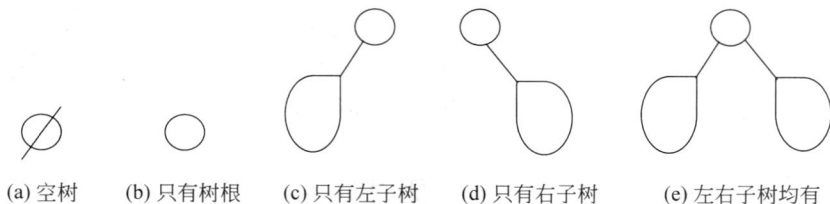

(a) 空树　　(b) 只有树根　　(c) 只有左子树　　(d) 只有右子树　　(e) 左右子树均有

图 5.9　二叉树的五种基本形态

（3）二叉树不是度小于或等于2的树。在二叉树中允许结点只有左子树或只有右子树，但是在树中，一个结点若是没有第一棵子树，则它不可能拥有第二棵子树。如图 5.10和图 5.11 所示为只有 3 个结点的二叉树和树的不同形态。

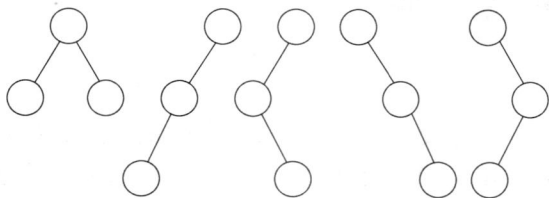

图 5.10　只有 3 个结点的二叉树的 5 种形态

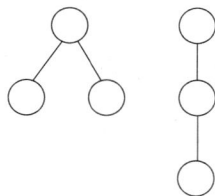

图 5.11　只有 3 个结点的树的两种形态

3. 满二叉树

在一棵二叉树中，如果所有的分支结点都同时具有左孩子和右孩子，并且所有叶子结点都在同一层上，那么这样一棵二叉树就是满二叉树。如图 5.12 所示，图 5.12（a）是一棵满二叉树，图 5.12（b）不是，原因在于这棵二叉树的所有叶子结点没有在同一层上。

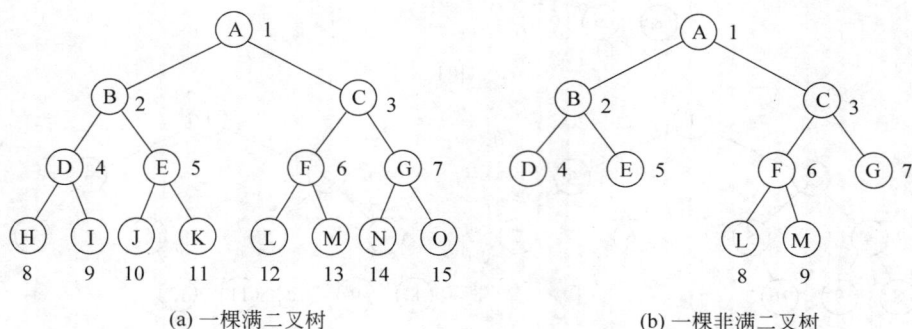

(a) 一棵满二叉树　　　　　(b) 一棵非满二叉树

图 5.12　满二叉树和非满二叉树

4. 完全二叉树

若一棵二叉树中所含的 n 个结点与满二叉树中编号为 $1\sim n$ 的结点一一对应（编号和位置均一一对应），则称这棵二叉树为完全二叉树，如图 5.13 所示。

完全二叉树的特点如下。

（1）叶子结点或者出现在最下层，并且一定是左连续；或者出现在倒数第二层，并且一定是右连续。

（2）如果存在度为 1 的结点，则只能有一个，并且该结点一定只有左孩子。

图 5.13　完全二叉树

（3）完全二叉树是具有 n 个结点的二叉树中深度最小的一个。

完全二叉树的判断是有一定难度的，关键要对完全二叉树特点理解透彻。如图 5.14 所示，树 1、树 2 和树 3 都不是完全二叉树，原因是缺少虚线显示的结点。

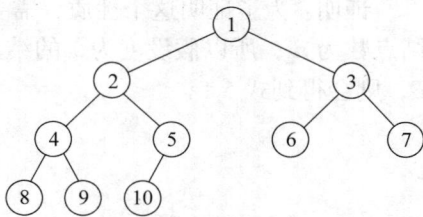

5. 二叉树的性质

（1）二叉树的第 i 层上至多有 2^{i-1} 个结点（$i \geq 1$）。

证明：当 $i=1$ 时，显然，$2^{i-1}=2^0=1$ 是对的，然后再假设命题成立，所以所有 j（$1 \leq j < i$）都会成立，则在第 $i-1$ 层至多有 2^{i-2} 个结点，又因为上面定义中所说的二叉树的每个结点至多有两棵子树，所以第 i 层就至多有 $2 \times 2^{i-2}=2^{i-1}$ 个结点。性质 1 是二叉树的性质中使用的最频繁的。

二叉树的性质

（2）深度为 k 的二叉树至多有 2^k-1 个结点。

证明：根据性质（1），第 k 层最多有 2^{k-1} 个结点，将第 1 层至第 k 层的结点数相加，也就是等比数列求和，就可以得到结点总数至多为 2^k-1。

（3）对任何一棵二叉树 T，如果其终端结点数为 n_0，度为 2 的结点数为 n_2，则 $n_0=n_2+1$。

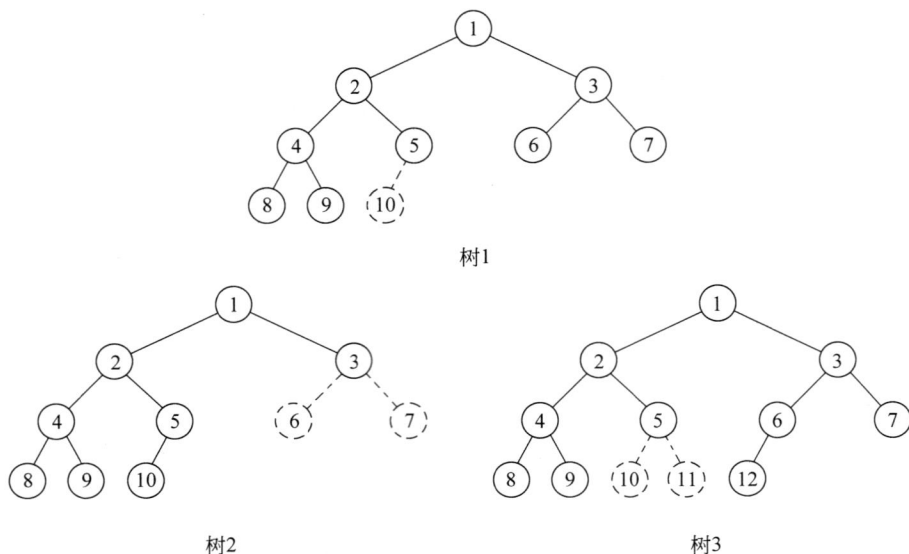

树1

树2   树3

图 5.14   不完全的二叉树

证明：为了证明这个性质，需要设几个未知数。因为已知终端结点数为 n_0，度为 2 的结点数为 n_2，所以假设度为 1 的结点数为 n_1，总结点数为 N，再设二叉树的所有分支数为 B，则会得到式 5.1。

$$\begin{cases} N = n_0 + n_1 + n_2 \\ N = B + 1 \\ B = n_1 + 2 \times n_2 \end{cases} \quad (5.1)$$

经过换算，得出：

$$\begin{cases} N = n_1 + 2 \times n_2 + 1 \\ N = n_0 + n_1 + n_2 \end{cases} \quad (5.2)$$

可得 $n_0 = n_2 + 1$，命题成立。

（4）具有 n 个结点的完全二叉树的深度为 $\log_2 n$ 向下取整加 1。

证明：假设深度为 k，则根据性质（2）和完全二叉树的定义有：

$$\begin{cases} 2^{k-1} \leqslant n < 2^k \\ k-1 \leqslant \log_2 n < k \end{cases} \quad (5.3)$$

因为 k 是整数，所以命题成立。

（5）如果对一棵有 n 个结点的完全二叉树，自根结点开始从上到下、从左到右对结点编号，则对任意一个编号为 i（$1 \leqslant i \leqslant n$）的结点可得如下结论。

① 如果 $i=1$，则结点 i 是二叉树的根，无双亲；如果 $i>1$，则其双亲的编号为 $i/2$。

② 如果 $2i>n$，则结点 i 无左孩子（结点 i 为叶子结点）；否则其左孩子结点的编号是 $2i$。

③ 如果 $2i+1>n$，则结点 i 无右孩子；否则其右孩子结点的编号是 $2i+1$。

6. 二叉树的存储

（1）顺序存储。二叉树的顺序存储就是用一组地址连续的存储单元存放二叉树中的结点。对一棵完全二叉树来说，可以从树根开始，按照从上层到下层，每层从左至右的顺序将所有结点编号，然后根据编号顺序依次将其存放在一维数组中，如图 5.15 所示。对于不完全的二叉树，可以先在这棵树中增加一些并不存在的虚结点使其成为一棵完全二叉树，然后用与完全二叉树相同的方法对结点进行编号，再存放到数组中，虚结点不存放任何值，如图 5.16 所示。

二叉树的存储和遍历

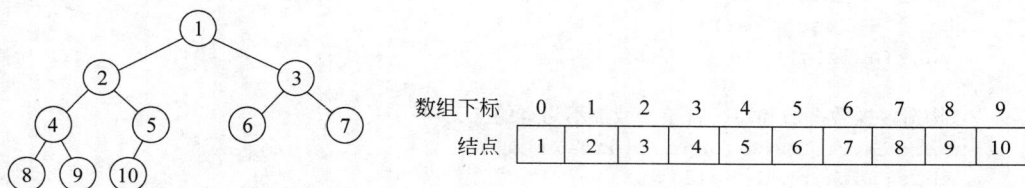

这种存储方法对于完全二叉树和满二叉树而言是最简单、最节省空间的存储方式，而且操作起来也非常简单。但是对于不完全二叉树来说，由于虚结点的存在会造成存储空间极大的浪费。在最坏的情况下，一个深度为 k 且只有 k 个结点的右单支树需要 2^{k-1} 个结点存储空间。

数组下标	0	1	2	3	4	5	6	7	8	9
结点	1	2	3	4	5	6	7	8	9	10

图 5.15　完全二叉树的顺序存储

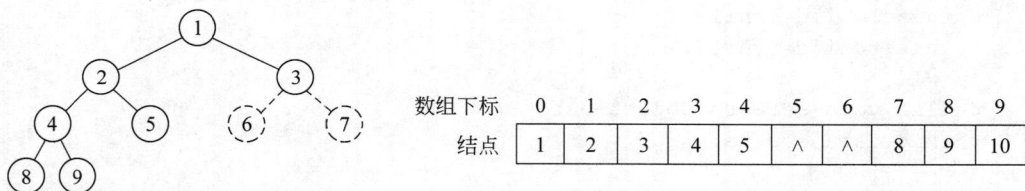

数组下标	0	1	2	3	4	5	6	7	8	9
结点	1	2	3	4	5	∧	∧	8	9	10

图 5.16　不完全二叉树的顺序存储

（2）链式存储。二叉树的链式存储是指将二叉树的各个结点随机存放在任意位置的存储空间中，每个结点之间的逻辑关系通过指针来反映。二叉树的任意结点最多只有一个双亲结点和两个孩子结点，因此用链存储方式存储二叉树时，可以采用二叉链表或者三叉链表两种形式，其结点结构如图 5.17 所示。

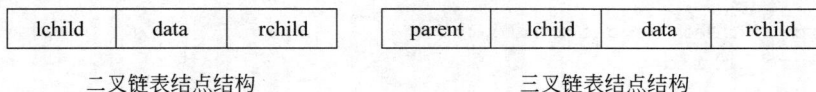

lchild	data	rchild

二叉链表结点结构

parent	lchild	data	rchild

三叉链表结点结构

图 5.17　二叉树链式存储结点结构

如图 5.18 所示是一棵二叉树的二叉链表存储结构示意图。

二叉树链式存储结构的结点类描述如下。

```
public class BiTreeNode {
  private Object data;                                    //结点的数据域
```

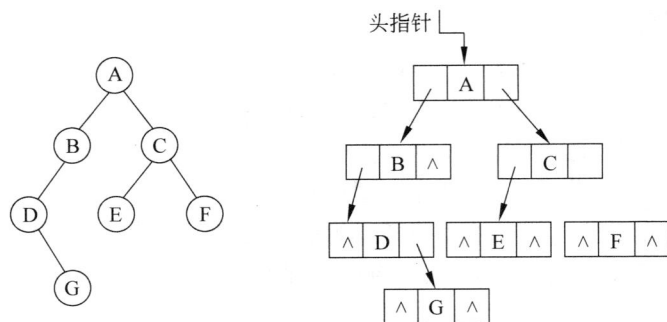

图 5.18   二叉树的二叉链表存储结构示意图

```
private BiTreeNode lchild,rchild;                              // 结点的左、右孩子域
// 构造一个空结点
public BiTreeNode(){
  this(null);
}
// 构造一棵数据域和左、右孩子域都不为空的二叉树
public BiTreeNode(Object data){
  this(data,null,null);
}
public BiTreeNode(Object data,BiTreeNode lchild,BiTreeNode rchild){
  this.data=data;
  this.lchild=lchild;
  this.rchild=rchild;
}
public void setData(Object data) {
  this.data = data;
}
public void setLchild(BiTreeNode lchild) {
  this.lchild = lchild;
}
public void setRchild(BiTreeNode rchild) {
  this.rchild = rchild;
}
public Object getData() {
  return data;
}
public BiTreeNode getLchild() {
  return lchild;
}
public BiTreeNode getRchild() {
  return rchild;
}
}                                                              // 结点类定义结束
```

7. 二叉树的遍历

二叉树的遍历主要有如下 3 种方法。

（1）先序遍历。若二叉树为空，遍历结束，否则按照以下步骤递归执行。

① 访问根结点。

② 先序遍历根结点的左子树。

③ 先序遍历根结点的右子树。

（2）中序遍历。若二叉树为空，遍历结束，否则按照以下步骤递归执行。

① 中序遍历根结点的左子树。

② 问根结点。

③ 中序遍历根结点的右子树。

（3）后序遍历。若二叉树为空，遍历结束，否则按照以下步骤递归执行。

① 后序遍历根结点的左子树。

② 后序遍历根结点的右子树。

③ 访问根结点。

根据上述内容对图 5.12（b）所示二叉树进行先序遍历的结果为 ABDECFLMG；进行中序遍历的结果为 DBEALFMCG；进行后序遍历的结果为 DEBLMFGCA。

同理，已知二叉树的先序、中序或者后序遍历结果中的任意两种，通过分析，就可以画出对应的二叉树。方法如下。

① 根据先序或者后序遍历序列确定树根，先序序列中最前面的是树根，后序序列中最后面的是树根。

② 根据中序遍历序列确定左右子树，再根据先序或者后序遍历序列确定子树的树根。

③ 重复以上两个步骤，直到所有结点的位置都确定。

例如，已知二叉树的中序遍历序列是 BADCHEFG，先序遍历序列是 EABCDHGF，画出对应的二叉树。因为先序序列第一个为树根，所以确定树根为 E，然后根据树根的中序遍历序列确定其左子树包含 BADCH 这 5 个结点，右子树包含 FG 两个结点。左子树的结点在先序序列中位于最前面的是结点 A，因此确定 A 是左子树的根结点，同理，右子树的结点在先序序列中位于 G 结点前面，因此 G 是右子树的树根。重复上述判断过程，得出对应的二叉树，如图 5.19 所示。

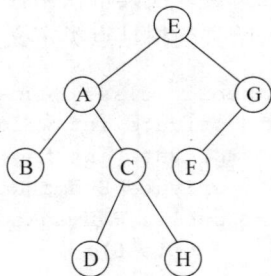

图 5.19 根据序列画出的二叉树

8. 哈夫曼树和哈夫曼编码

（1）哈夫曼树的相关概念。

① 结点间的路径 (path)。从树中的一个结点到另一个结点之间的分支。

② 结点间的路径长度 (path length)。路径上的分支数。

③ 树的路径长度 (path length of tree)。从树的根结点到每个结点的路径长度的总和。在结点数目相同的二叉树中，完全二叉树的路径长度最短。

④ 结点的权值 (weight of node)。在实际应用中，赋予树中结点的一个有实际意义的数值。

哈夫曼树和
哈夫曼编码

⑤ 结点的带权路径长度 (weight path length of node)。从该结点到树的根结点的路径长度与该结点的权的乘积。

⑥ 树的带权路径长度（WPL）。树中所有叶子结点的带权路径长度之和，公式为

$$WPL = \sum_{i=1}^{n} W_i \times L_i \tag{5.4}$$

其中，n 为叶子结点的个数；W_i 为第 i 个结点的权值；L_i 为第 i 个结点的路径长度。

如图 5.20 所示的三棵二叉树，虽然都是包含 5 个叶子结点，并且每个结点权值相同，但是它们的带权路径长度不同，从左到右分别为：

$$WPL_1 = 5 \times 3 + 4 \times 3 + 3 \times 2 + 2 \times 2 + 1 \times 2 = 39$$

$$WPL_2 = 5 \times 2 + 4 \times 2 + 3 \times 2 + 2 \times 3 + 1 \times 3 = 33$$

$$WPL_3 = 5 \times 2 + 4 \times 2 + 3 \times 3 + 2 \times 3 + 1 \times 2 = 35$$

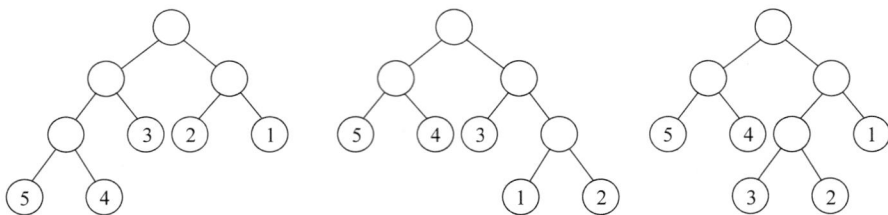

图 5.20　包含 5 个叶子的不同二叉树

（2）哈夫曼树的定义。给定 n 个权值并且将它们作为叶子结点，按照一定规则构造一棵二叉树，使其带权路径长度最小，则这棵二叉树就是哈夫曼树，又称为最优二叉树。

哈夫曼树结点类定义如下。

```
public class HuffmanNode {
  private int weight;                          //结点的权值
  private int flag;                            //结点是否加入哈夫曼树的标志
  private HuffmanNode parent,lchild,rchild;    //父结点以及左、右孩子结点
  public HuffmanNode(){                        //构造一个空结点
    this(0);
  }
  public HuffmanNode(int weight){              //构造一个有权值的结点
    this.weight=weight;
    flag=0;
    parent=lchild=rchild=null;
  }
  public int getFlag() {
    return flag;
  }
  public void setFlag(int flag) {
    this.flag = flag;
  }
  public int getWeight() {
```

```
    return weight;
}
public void setWeight(int weight) {
    this.weight = weight;
}
public HuffmanNode getParent() {
    return parent;
}
public void setParent(HuffmanNode parent) {
    this.parent = parent;
}
public HuffmanNode getLchild() {
    return lchild;
}
public void setLchild(HuffmanNode lchild) {
    this.lchild = lchild;
}
public HuffmanNode getRchild() {
    return rchild;
}
public void setRchild(HuffmanNode rchild) {
    this.rchild = rchild;
}
}
```
　　　　　　　　　　　　　　　　　　　　　　　// 哈夫曼树的结点类描述结束

（3）哈夫曼树的构造方法。

第 1 步：根据 n 个权值 $\{W_1, W_2 \cdots W_n\}$ 构造 n 棵只有根结点的二叉树集合 F=$\{T_1, T_2, \cdots, T_n\}$。

第 2 步：在集合 F 中选出两棵根结点权值最小的树作为一棵新树的左、右子树，且置新树的根结点权值为其左、右子树上根结点权值之和。

第 3 步：从 F 中删除构成新树的那两棵，同时把新树加入集合 F 中。

第 4 步：重复第 2 步和第 3 步，直到 F 中只有一棵为止，这棵树就是哈夫曼树。

例如，给定权值集合 {5，6，2，9，7}，根据上述步骤，哈夫曼树的构造过程如图 5.21所示。

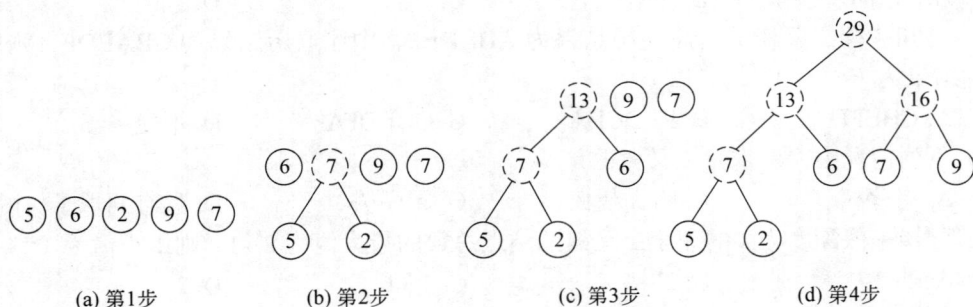

图 5.21　哈夫曼树的构造过程

（4）哈夫曼编码。得到哈夫曼树之后，自顶向下将路径编号，指向左孩子的边编号为 0，指向右孩子的边编号为 1，将从根到叶子结点路径上的所有 0 和 1 连接起来，就得到叶子结点所代表字符的哈夫曼编码。图 5.21（d）中第 4 步所示的哈夫曼树，每个叶子结点的哈夫曼编码如下。

结点 5:000　　　结点 2:001　　　结点 6:01　　　结点 7:10　　　结点 9:11

哈夫曼编码是一种无前缀编码，任何一个字符的编码都不是其他字符的前缀，因此译码过程不会出现二义性。而且哈夫曼编码是一种不等长的二进制编码，在信息传送过程可以压缩信息量，提高传输效率。需要说明的是相同权值的字符，由于构造出来的哈夫曼树不唯一，因此得到的哈夫曼编码也不唯一。唯一可以确定的是，对于任意形态的哈夫曼树，其带权路径长度一定是最小的。

5.2.3　巩固基础

巩固基础

1. 在一棵二叉树上第 4 层的结点数最多为（　　　）。

　　A. 2　　　　　　　　B. 4　　　　　　　　C. 6　　　　　　　　D. 8

2. 一棵深度为 k 的满二叉树的结点总数为（　　　）。

　　A. 2^k-1　　　　　　B. 2^{k-1}　　　　　　C. 2^k+1　　　　　　D. 2^k

3. 一棵完全二叉树上有 1001 个结点，其中叶子结点的个数是（　　　）。

　　A. 250　　　　　　　B. 500　　　　　　　C. 501　　　　　　　D. 505

4. 下列说法中正确的是（　　　）。

　　A. 任何一棵二叉树中至少有一个结点的度为 2

　　B. 任何一棵二叉树中每个结点的度都为 2

　　C. 任何一棵二叉树中的度肯定等于 2

　　D. 任何一棵二叉树中的度可以小于 2

5. 二叉树是非线性结构，所以（　　　）。

　　A. 它不能用顺序存储方式

　　B. 它不能用链式存储方式

　　C. 顺序存储和链式存储都可以

　　D. 顺序存储和链式存储都不可以

6. 使用二叉链表存储树，则根结点的右指针是（　　　）。

　　A. 指向左孩子　　　B. 指向右孩子　　　C. 空　　　　　　　D. 非空

7. 已知一棵二叉树的先序遍历结果为 ABCDEF，中序遍历结果为 CBAEDF，则后序遍历的结果为（　　　）。

　　A. CBEFDA　　　　B. FEDCBA　　　　C. CBEDFA　　　　D. 不定

8. 下列情况中，一定是二叉树的是（　　　）。

　　A. 有序树　　　　　B. 哈夫曼树　　　　C. 无序树　　　　　D. 只有两棵子树的树

9. 已知一棵深度为 k 的完全二叉树的结点总数的最大值为 2^k-1，则最小值为（　　　）。

　　A. 2^k-1　　　　　　B. 2^{k-1}　　　　　　C. 2^k+1　　　　　　D. 2^k

10. 用 3 个结点可以构造出（　　　）种不同的二叉树。

　　A. 2　　　　　　　　B. 3　　　　　　　　C. 4　　　　　　　　D. 5

11. 已知一棵二叉树度为 2 的结点数为 15，度为 1 的结点数为 30，则叶子结点数为（　　　）。

    A. 15　　　　　　　B. 16　　　　　　　C. 17　　　　　　　D. 47

12. 顺序存储一棵完全二叉树，所有结点从上到下、从左到右依次存放在一维数组 R[1…N] 中，若结点 R[i] 有右孩子，则其右孩子是（　　　）。

    A. R[2i-1]　　　　　B. R[2i+1]　　　　　C. R[2i]　　　　　　D. R[i/2]

13. 用权值 {4，5，6，7，8} 构造哈夫曼树，则带权路径长度为（　　　）。

    A. 67　　　　　　　B. 68　　　　　　　C. 69　　　　　　　D. 70

14. 假设 a 和 b 是二叉树的两个结点，进行中序遍历时，a 在 b 的前面的条件是（　　　）。

    A. a 在 b 右侧　　　B. a 在 b 左侧　　　C. a 是 b 的祖先　　D. a 是 b 的子孙

善 询 篇

5.2.4　头脑风暴

思考一下，在现实生活中有哪些场景用到了二叉树？在应用过程中是否充分发挥了二叉树的优点？二叉树这种结构有没有缺点？应该如何改进？将心得记录到表 5.2 中，以防遗忘，也可分享出去，以获得更强的思维碰撞。学习中遇到的疑惑也可一并记录，问题是成长的阶梯，解决问题的过程就是思维进步的过程。

表 5.2　二叉树的应用

我的想法	集思广益

笃 行 篇

5.2.5　案例分析

哈夫曼编码是在哈夫曼树的基础上得到的，因此编写哈夫曼编码器的程序首先要构造哈夫曼树。由于哈夫曼树结点类已经在知识储备中定义完成，因此首先需要编写一个求最小权值的方法 selectMin，然后严格按照哈夫曼树的构造方法编写代码顺利生成哈夫曼树，最后再按照哈夫曼编码规则（左孩子结点赋值为 0，右孩子结点赋值为 1）按行输出每个权值对应的哈夫曼编码。

5.2.6　案例实现

具体代码如下。

```java
public class HuffmanTree {
    // 求哈夫曼编码的算法，用 W 存放 n 个字符的权值（均大于 0）
    public int[][]huffmanCoding(int[]W){
        int n=W.length;                        // 字符个数
        int m=2*n.1;                           // 哈夫曼树的结点数
        HuffmanNode[] HN=new HuffmanNode[m];
        int i;
        for(i=0;i<n;i++)
            HN[i]=new HuffmanNode(W[i]);       // 构造 n 个具有权值的结点
        for(i=n;i<m;i++){                       // 创建哈夫曼树
            // 在 HN[0...i.1] 中选择不在哈夫曼树中且 weight 最小的两个结点 min1 和 min2
            HuffmanNode min1=selectMin(HN,i.1);
            min1.setFlag(1);
            HuffmanNode min2=selectMin(HN,i.1);
            min2.setFlag(1);
            // 构造 min1 和 min2 的父结点，并且修改父结点的权值
            HN[i]=new HuffmanNode();
            min1.setParent(HN[i]);
            min2.setParent(HN[i]);
            HN[i].setLchild(min1);
            HN[i].setRchild(min2);
            HN[i].setWeight(min1.getWeight()+min2.getWeight());
        }
        // 从叶子到跟逆向求每个字符的哈夫曼编码
        int[][] HuffCode=new int[n][n];         // 分配 n 个字符编码的存储空间
        for(int j=0;j<n;j++){
            int start=n.1;                      // 编码的开始位置，初始化为数组的结尾
            for(HuffmanNode c=HN[j],p=c.getParent();p!=null;c=p,p=p.getParent())
                if(p.getLchild().equals(c))
                    HuffCode[j][start...]=0;     // 左孩子编码为 0
                else
                    HuffCode[j][start...]=1;
            HuffCode[j][start]=.1;
        }
        return HuffCode;
    }
    private HuffmanNode selectMin(HuffmanNode[]HN,int end){
        HuffmanNode min=HN[end];
        for(int i=0;i<=end;i++){
            HuffmanNode h=HN[i];
            if(h.getFlag()==0&&h.getWeight()<min.getWeight())
                min=h;
        }
        return min;
    }
    public static void main(String agrs[]){
        int[] W={6,30,8,9,15,24,4,12};          // 初始化权值
        HuffmanTree T=new HuffmanTree();         // 构造哈夫曼树
        int[][] HN=T.huffmanCoding(W);           // 求哈夫曼编码
```

```
for(int i=0;i<HN.length;i++){                    // 输出哈夫曼编码
  System.out.print(" 结点 "+W[i]+" 的哈夫曼编码为： ");
  for(int j=0;j<HN[i].length;j++){
    if(HN[i][j]==.1){
      for(int k=j+1;k<HN[i].length;k++){
        System.out.print(HN[i][k]);
      }
      System.out.println();
    }
  }
}
}                                                // 构造哈夫曼树和哈夫曼编码的类描述
```

运行结果如下。

结点 6 的哈夫曼编码为：0001
结点 30 的哈夫曼编码为：10
结点 8 的哈夫曼编码为：1110
结点 9 的哈夫曼编码为：1111
结点 15 的哈夫曼编码为：110
结点 24 的哈夫曼编码为：01
结点 4 的哈夫曼编码为：0000
结点 12 的哈夫曼编码为：001

5.2.7　总结提高

二叉树的性质非常重要，在牢记的基础上要学会灵活运用。二叉树的存储和遍历应用于信息检索中，可以有效提高信息检索的效率。二叉树最重要的应用就是哈夫曼树，利用哈夫曼树构造的哈夫曼编码在通信领域和信息压缩处理中起着重要的作用。在实现哈夫曼编码器的基础上可以继续尝试编写哈夫曼译码器，将接收端根据发送端发送的数据进行译码复原，这样安装了哈夫曼编 / 译码系统的双方就可以正常收发加密的信息。

二叉树、树和森林的遍历结果存在一些规律：先序遍历树等价于先序遍历该树对应的二叉树；后序遍历树等价于中序遍历该树对应的二叉树；先序遍历森林等价于先序遍历该森林对应的二叉树；后序遍历森林等价于中序遍历该森林对应的二叉树。

5.3　二叉树管理器——树和森林、二叉树的相互转换

前面已经讲过了树的定义和存储结构。显然树形结构很"自由"，也就是说在满足树的定义的前提下，它可以是任意形态的，一个结点可以有任意多个孩子，这导致其使用起来不够方便，研究相应的性质和算法也有些困难。那么，有没有更简单的处理办法呢？

学习了二叉树的性质和存储特点之后不难发现，由于二叉树只能有左孩子或者右孩子，变化种类较少，管理起来比较方便，所以，如果所有的树都能转换成二叉树，实现起来就会方便很多，效率也会提高很多。

勤　学　篇

5.3.1　案例说明

设计一个二叉树管理器，要求实现二叉树的基本操作，如插入、删除、查找、显示和遍历等功能，具体如图 5.22 所示。

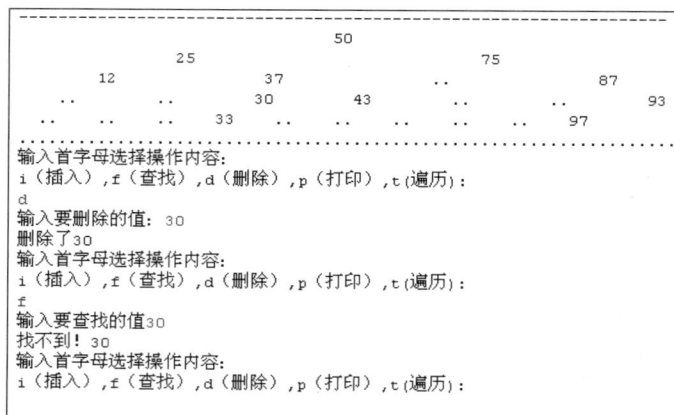

```
------------------------------------------------------------------
                                         50
                 25                                 75
         12              37              ..                 87
   ..         ..         30      43      ..         ..              93
------------------------33--------------------------97-------------
输入首字母选择操作内容：
i（插入）,f（查找）,d（删除）,p（打印）,t(遍历)：
d
输入要删除的值：30
删除了30
输入首字母选择操作内容：
i（插入）,f（查找）,d（删除）,p（打印）,t(遍历)：
f
输入要查找的值30
找不到！30
输入首字母选择操作内容：
i（插入）,f（查找）,d（删除）,p（打印）,t(遍历)：
```

图 5.22　二叉树管理器功能要求

5.3.2　知识储备

树和森林的样式灵活多样，不便于直接操作。不过，树和森林与二叉树之间的相互转换非常容易，因此，对树和森林的所有操作都可以转换成对其相应的二叉树的相关操作来实现。

1. 树转换成二叉树

整个转换过程依照"孩子在左，兄弟在右"的八字方针，具体步骤如下。

（1）树的根结点作为相应二叉树的根结点。

（2）结点的第一个孩子作为其左子树的树根。

（3）结点第一个孩子的兄弟依次作为其右子树的树根。

（4）重复步骤（2）和（3），直至整棵树的结点都转换完毕。

如图 5.23 所示，将图 5.23（a）中的树按照上述步骤可以转换成图 5.23（b）中的二叉树，而且不难发现，树转换成二叉树之后，只有左子树而没有右子树。

2. 森林转换成二叉树

整个转换过程同样依照"孩子在左，兄弟在右"的八字方针，具体步骤如下。

（1）森林中从左向右第一棵树的根结点作为相应二叉树的根结点。

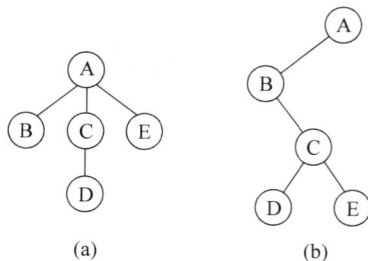

（a）　　　　（b）

图 5.23　树转换成二叉树

（2）第一棵树的第一个孩子作为其左子树的树根。

（3）第一棵树的兄弟依次作为其右子树的树根。

（4）按照树转换成二叉树的方法将森林中所有的树转换成二叉树的子树。

如图 5.24 所示，图 5.24（a）中的森林按照上述步骤可以转换成图 5.24（b）中的二叉树。

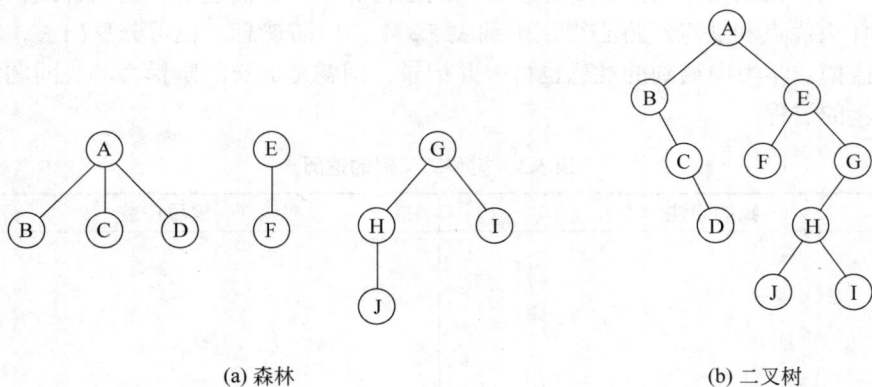

(a) 森林　　　　　　　　　　　　　　(b) 二叉树

图 5.24　森林转换成二叉树

5.3.3　巩固基础

巩固基础

1. 把一棵树转换成二叉树之后，这棵二叉树的形态是（　　　）。

　　A. 唯一的　　　　　　　　　　　　B. 有多种

　　C. 有多种无左孩子的形态　　　　　D. 有多种无右孩子的形态

2. 森林 F 中有 3 棵树，第一、第二和第三棵树的结点个数分别为 M_1、M_2 和 M_3，则与森林 F 对应的二叉树根结点的右子树结点数为（　　　）。

　　A. M_1　　　　　　　　　　　　　B. M_1+M_2

　　C. M_3　　　　　　　　　　　　　D. M_2+M_3

3. 后序遍历森林等价于（　　　）遍历森林对应的二叉树。

　　A. 先序　　　　　　　　　　　　　B. 中序

　　C. 后序　　　　　　　　　　　　　D. 层序

4. 先序遍历森林等价于（　　　）遍历森林对应的二叉树。

　　A. 先序　　　　　　　　　　　　　B. 中序

　　C. 后序　　　　　　　　　　　　　D. 层序

5. 讨论树、森林和二叉树的关系是为了（　　　）。

　　A. 借助二叉树上的运算方法去实现对树的一些运算

　　B. 将树、森林转换成二叉树

　　C. 体现一种技巧，没有什么实际意义

　　D. 将树、森林按二叉树的存储方式进行存储并利用二叉树的算法解决树的有关问题

5.3.4　头脑风暴

思考一下，在现实生活中有哪些场景用到了树和二叉树的遍历？这两种结构的遍历方法各自有什么优点和缺点？将心得记录到表 5.3 中，以防遗忘，也可分享出去，以获得更强的思维碰撞。学习中遇到的疑惑也可一并记录，问题是成长的阶梯，解决问题的过程就是思维进步的过程。

表 5.3　树和二叉树的遍历

我的想法	集思广益

笃　行　篇

5.3.5　案例分析

在动手编制程序之前，先要做好程序的规划，包括程序存储数据所用的结构、数据类型等等，只有确定了数据类型和数据结构，才能在此基础上进行各种算法的设计和程序的编写。

首先是考虑数据类型。在二叉树中要有专门的结点类，用来明确二叉树结点的特征，如值（Data）、左孩子（leftChild）、右孩子（rightChild）等。二叉树的结点类定义如下。

```
// 二叉树的结点类
public class Node {
  public int iData;
  public double dData;
  public Node leftChild;
  public Node rightChild;
  public void displayNode(){
    System.out.print('{');
    System.out.print(iData);
    System.out.print(',');
    System.out.print(dData);
    System.out.print('}');
  }
}
```

以结点类为基础创建二叉树的基本操作类 Tree,在此类中定义二叉树的各种操作方法，包括 find( )、insert( )、delete( )、traverse( )、displayTree( ) 等。最后在测试类 TreeApp 中进行各种测试。

5.3.6　案例实现

具体代码如下。

```java
// 二叉树的基本操作类
import java.util.Stack;
public class Tree {
  private Node root;
  //--------------------------------
  public Tree(){
    root=null;
  }
  //--------------------------------
  public Node find(int key){
    Node current=root;
    while(current.iData!=key){
      if(key<current.iData)
        current=current.leftChild;
      else
        current=current.rightChild;
      if(current==null)
        return null;
    }
    return current;
  }
  // 插入方法
  public void insert(int id,double dd){
    Node newNode=new Node();
    newNode.iData=id;
    newNode.dData=dd;
    if(root==null)
      root=newNode;
    else
    {
      Node current=root;
      Node parent;
      while(true){
        parent=current;
        if(id<current.iData){
          current=current.leftChild;
          if(current==null){
            parent.leftChild=newNode;
            return;
          }
        }
        else{
```

```java
        current=current.rightChild;
        if(current==null){
          parent.rightChild=newNode;
          return;
        }
      }
    }
  }
}
// 删除方法
public boolean delete(int key){
  Node current=root;
  Node parent=root;
  boolean isLeftChild=true;
  while(current.iData!=key){
    parent=current;
    if(key<current.iData){
      isLeftChild=true;
      current=current.leftChild;
    }
    else{
      isLeftChild=false;
      current=current.rightChild;
    }
    if(current==null)
      return false;
  }
  if(current.leftChild==null&&current.rightChild==null){
    if(current==root)
      root=null;
    else if(isLeftChild)
      parent.leftChild=null;
    else
      parent.rightChild=null;
  }
  else if(current.rightChild==null)
    if(current==root)
      root=current.leftChild;
    else if(isLeftChild)
      parent.leftChild=current.leftChild;
    else
      parent.rightChild=current.rightChild;
  else if(current.leftChild==null)
      if(current==root)
        root=current.rightChild;
      else if(isLeftChild)
        parent.leftChild=current.rightChild;
      else parent.rightChild=current.rightChild;
  else{
```

```
      Node successor=getSuccessor(current);
      if(current==root)
        root=successor;
      else if(isLeftChild)
        parent.leftChild=successor;
      else
        parent.rightChild=successor;
      successor.leftChild=current.leftChild;
    }
    return true;
  }
  private Node getSuccessor(Node delNode){
    Node successorParent=delNode;
    Node successor=delNode;
    Node current=delNode.rightChild;
    while(current!=null){
      successorParent=successor;
      successor=current;
      current=current.leftChild;
    }
    if(successor!=delNode.rightChild){
      successorParent.leftChild=successor.rightChild;
      successor.rightChild=delNode.rightChild;
    }
    return successor;
  }
  // 遍历方法
  public void traverse(int traverseType){
    switch(traverseType){
    case 1:
      System.out.print("先序遍历结果为: ");
      preOrder(root);
      break;
    case 2:
      System.out.print("中序遍历结果为: ");
      inOrder(root);
      break;
    case 3:
      System.out.print("先序遍历结果为: ");
      postOrder(root);
      break;
    }System.out.println();
  }
  // 先序遍历二叉树
  private void preOrder(Node localRoot){
    if(localRoot!=null){
      System.out.print(localRoot.iData+"  ");
      preOrder(localRoot.leftChild);
      preOrder(localRoot.rightChild);
    }
```

```
    }
// 中序遍历二叉树
private void inOrder(Node localRoot){
   if(localRoot!=null){
      inOrder(localRoot.leftChild);
   System.out.print(localRoot.iData+"  ");
      inOrder(localRoot.rightChild);
   }
}
// 后序遍历二叉树
private void postOrder(Node localRoot){
   if(localRoot!=null){
      postOrder(localRoot.leftChild);
      postOrder(localRoot.rightChild);
      System.out.print(localRoot.iData+"  ");
   }
}
// 显示树结构，其中空结点用 .. 代表
public void displayTree(){
   Stack globalStack=new Stack();
   globalStack.push(root);
   int nBlanks=32;
   boolean isRowEmpty=false;
   System.out.println("--------------------------------");
   while(isRowEmpty==false){
      Stack localStack=new Stack();
      isRowEmpty=true;
      for(int j=0;j<nBlanks;j++)
         System.out.print(' ');
      while(globalStack.isEmpty()==false){
         Node temp=(Node)globalStack.pop();
         if(temp!=null){
            System.out.print(temp.iData);
            localStack.push(temp.leftChild);
            localStack.push(temp.rightChild);
            if(temp.leftChild!=null||temp.rightChild!=null)
            isRowEmpty=false;
         }
         else{
            System.out.print("..");
            localStack.push(null);
            //localStack.push(null);
         }
         for(int j=0;j<nBlanks*1.8;j++)
            System.out.print(" ");
      }
      System.out.println();
      nBlanks/=2;
```

```
      while(localStack.isEmpty()==false)
        globalStack.push(localStack.pop());
    }
    System.out.println("--------------------------------");
  }
}
// 二叉树的测试类，首先会显示树结构，根据提示选择相应操作即可
import java.io.BufferedReader;
import java.io.IOException;
import java.io.InputStreamReader;
public class TreeApp {
  public static void main(String args[])throws Exception{
    int value;
    Tree theTree=new Tree();
    theTree.insert(50, 1.5);
    theTree.insert(25, 1.2);
    theTree.insert(75, 1.7);
    theTree.insert(12, 1.5);
    theTree.insert(37, 1.2);
    theTree.insert(43, 1.7);
    theTree.insert(30, 1.5);
    theTree.insert(33, 1.2);
    theTree.insert(87, 1.7);
    theTree.insert(93, 1.5);
    theTree.insert(97, 1.5);
    theTree.displayTree();
    while(true){
      System.out.println(" 输入首字母选择操作内容：");
      System.out.println("i（插入）,f（查找）,d（删除）,p（打印）,t（遍历）:");
      int choice=getChar();
      switch(choice){
      case's':
        theTree.displayTree();
        break;
      case'i':
        System.out.print(" 输入要插入的值 ");
        value=getInt();
        theTree.insert(value, value+0.9);
        break;
      case'f':
        System.out.print(" 输入要查的值 ");
        value=getInt();
        Node found=theTree.find(value);
        if(found!=null){
          System.out.print(" 找到了：");
          found.displayNode();
          System.out.print("\n");
        }
```

```
        else
          System.out.print(" 找不到！ ");
          System.out.print(value+"\n");
        break;
      case 'd':
        System.out.print(" 输入要删除的值: ");
        value=getInt();
        boolean didDelete=theTree.delete(value);
        if(didDelete)
          System.out.print(" 删除了 "+value+"\n");
        else
          System.out.println(" 无法删除！ ");
        break;
      case 't':
        System.out.print(" 输入遍历方式 1（先序）,2（中序）或者 3（后序）");
        value=getInt();
        theTree.traverse(value);
        break;
      case 'p':
        theTree.displayTree();
        break;
      default:
        System.out.print(" 输入错误！ \n");
      }
    }
  }
  public static String getString()throws IOException{
    InputStreamReader isr=new InputStreamReader(System.in);
    BufferedReader br=new BufferedReader(isr);
    String s=br.readLine();
    return s;
  }
  public static char getChar()throws IOException{
    String s=getString();
    return s.charAt(0);
  }
  public static int getInt()throws IOException{
    String s=getString();
    return Integer.parseInt(s);
  }
}
```

5.3.7　总结提高

　　将树转换成二叉树可以实现更加方便、快捷的管理，因此正确的转换方法尤为重要。有兴趣者可以尝试实现树和二叉树的代码转换，这对理解转换过程有很大的帮助。树的遍历算法在求解迷宫算法、信息检索时都会用到，深入理解树的特点和应用方法，对于设计相应算法解决实际问题起着非常重要的作用。

能力拓展

1. 请写出如图 5.25 所示的二叉树的先序、中序和后序遍历结果。

2. 请写出如图 5.26 所示的二叉树的先序、中序和后序遍历结果。

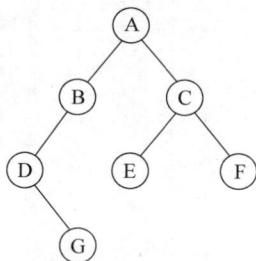

图 5.25　二叉树 1

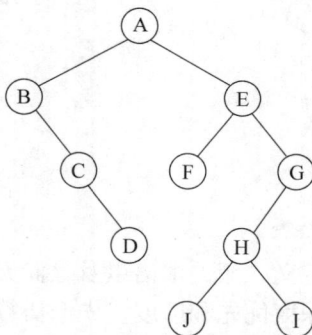

图 5.26　二叉树 2

3. 已知某二叉树的中序遍历序列为 ABCDEFG，后序遍历序列为 BDCAFGE，请画出这棵二叉树并写出先序遍历序列。

4. 已知一棵二叉树的后序遍历序列为 EDCBIHGKJFA，中序遍历序列为 BECDAIGHFKJ，试画出这棵二叉树，并写出它的先序遍历序列。

5. 有一份电文中共使用了五个字符：a、b、c、d、e，它们的出现频率依次为 4、7、5、2、9，试画出对应的哈夫曼树（请按左子树根结点的权小于或等于右子树根结点的权的次序构造），并求出每个字符的哈夫曼编码。

6. 以 3、6、5、7、2 作为权值构造哈夫曼树，请画出这棵哈夫曼树并且计算带权路径长度。

7. 以 4、6、5、7、8 作为权值构造哈夫曼树，请画出这棵哈夫曼树并且计算带权路径长度。

8. 二叉树 BT 的存储结构如下。

	1	2	3	4	5	6	7	8	9	10
Lchild	0	0	2	3	7	5	8	0	10	1
Data	J	H	F	D	B	A	C	E	G	I
Rchild	0	0	0	9	4	0	0	0	0	0

其中 Lchild、Rchild 分别为结点的左、右孩子指针域，Data 为结点的数据域。试完成下列各题。

（1）画出二叉树 BT 的逻辑结构。

（2）写出按先序、中序、后序遍历该二叉树所得到的结点序列。

9. 尝试编写树和森林的遍历程序。

10. 在哈夫曼编码器的基础上编写代码实现哈夫曼译码器。

第 6 章

图

学习目标

【知识目标】

1. 掌握图的定义、相关术语以及存储方式。
2. 掌握图的深度优先和广度优先遍历算法。
3. 了解图在现实生活中的应用场景。

【能力目标】

1. 能够应用迪杰斯特拉算法和弗洛伊德算法求解最短路径。
2. 能够应用克鲁斯卡尔和普里姆算法求解最小生成树。
3. 能够应用拓扑排序算法解决实际问题。
4. 能够应用图的相关知识计算工程的关键路径。

【素质目标】

1. 践行社会主义核心价值观。
2. 激发对人生的规划和思考。
3. 培养理论联系实际，解决问题的能力。
4. 培养良好的职业道德和团队合作精神。

学习效果

知 识 内 容		掌 握 程 度	存 在 疑 问
1. 图	图的基本概念		
	图的存储		
	图的遍历		
	最短路径		
2. 最小生成树	最小生成树的概念		
	克鲁斯卡尔算法		
	普里姆算法		
3. 拓扑排序	拓扑排序的概念		
	拓扑排序的实现		
4. 关键路径	关键路径的计算过程		

6.1　社区超市选址——图

图是一种比线性表和树更为复杂的数据结构。在线性表中，数据元素之间仅有线性关系，每个数据只有一个直接前驱和一个直接后继，在树形结构中，数据元素之间存在明显的层次关系，并且每层的数据元素可能与下一层的多个数据元素相邻，但是只能和上一层的一个数据元素相关；然而在图形结构中，数据元素之间的关系可以是任意的，图中的任意两个元素都有可能相邻。

图形结构在现实生活中的应用比线性表和树更加广泛，如交通图、旅游图、工程图、网络拓扑图等。

勤　学　篇

6.1.1　案例说明

某城区有 A、B、C 和 D 共 4 个成熟社区，如图 6.1 所示，弧上的权值代表社区之间的距离，现在要在其中一个社区附近建立大型超市，为了方便各个社区的居民购物，请设计程序实现如下功能。

（1）计算出各个社区之间的最短路径，以矩阵形式输出。

（2）确定超市应该建设在哪个社区附近，并且求出其余社区到超市的路径长度。

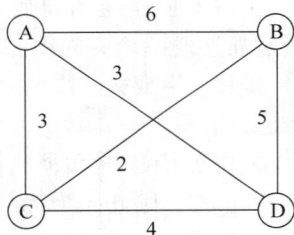

图 6.1　4 个社区的位置关系图

6.1.2　知识储备

1. 图的基本概念

（1）图（graph）的定义。图 G 是由顶点集合 V(G) 和边集 E(G) 组成的，记为 G=(V,E)。其中，V(G) 是顶点的非空有限集；E(G) 是边的有限集合，可以为空。

图的定义及相关术语

（2）无向图。全部由无向边构成的图称为无向图，如图 6.2（a）所示。

（3）有向图。全部由有向边构成的图称为有向图，如图 6.2（b）所示。

（4）邻接点。在有向图和无向图中一条边上的两个顶点称为邻接点。图 6.2（a）中的顶点 1 和顶点 2 是邻接点，顶点 1 和顶点 4 不是邻接点。

（5）顶点的度。图中与该顶点相关联的边数。在有向图中，顶点的度有出度和入度之分，以顶点为终点的弧的数目称为入度，以顶点为起点的弧的数目称为出度，顶点的度等于该顶点的出度和入度之和。如图 6.2（b）所示，顶点 3 的出度为 1，入度为 3，度为 3+1=4。

（6）子图。如果图 G=（V，E），G′=（V′，E′），若 V′ 是 V 的子集，并且 E′ 是 E 的子集，则称 G′ 为 G 的子图。

（7）路径。在图中一个顶点到达另一个顶点所经过的顶点序列称为路径，路径上边的数目称为该路径的长度。如图 6.2（a）所示，顶点 1 到顶点 4 的一条路径为 1—3—4，路径长度为 2。如图 6.2（b）所示，顶点 1 到顶点 0 的一条路径为 1—2—4—0，路径长度为 3。

(a) 无向图　　　　　　　(b) 有向图

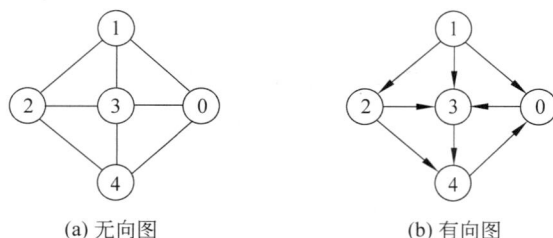

图 6.2　无向图和有向图

（8）回路。路径上第一个顶点与最后一个顶点相同，称为回路。

（9）权和网。图中的边可以附以一个具有特殊含义的数值，这个值就称为权。边上标识权的图称为网。

（10）连通图和连通分量。在无向图中，若从顶点 V_i 到顶点 V_j 有路径，则称顶点 V_i 与 V_j 是连通的。如果图中任意一对顶点都是连通的，则称此图是连通图。无向图的极大连通子图叫作连通分量。

（11）强连通图和强连通分量。在有向图中，如果任意一对顶点都是连通的，则称此图是强连通图。有向图的极大连通子图叫作强连通分量。

（12）生成树。一种特殊的生成子图，包含图中全部 n 个顶点，但只有构成一棵树的 $n-1$ 条边。

（13）稀疏图和稠密图。在具有 n 个顶点 e 条边的图中，如果含有较少的边（例如 $e < n\log_2 n$），则此图为稀疏图，反之则称为稠密图。

2. 图的存储

图是多对多的数据结构，比线性结构和树形结构更复杂，所以图的存储也比较复杂，在存储时要保存两类信息——顶点信息及顶点之间的关系。图常用的存储结构有邻接矩阵、邻接表、十字链表、邻接多重表等。下面主要介绍邻接矩阵和邻接表。

图的存储

（1）邻接矩阵。图的邻接矩阵（adjacency matrix）是用来表示顶点之间相邻关系的矩阵。在矩阵中，邻接点之间赋值为 1，非邻接点之间赋值为 0。图 6.2 所示的无向图和有向图对应的邻接矩阵分别为图 6.3 中的 A_1 和 A_2。

$$A_1 = \begin{array}{c} \\ 0 \\ 1 \\ 2 \\ 3 \\ 4 \end{array} \begin{pmatrix} 0 & 1 & 2 & 3 & 4 \\ 0 & 1 & 0 & 1 & 1 \\ 1 & 0 & 1 & 1 & 0 \\ 0 & 1 & 0 & 1 & 1 \\ 1 & 1 & 1 & 0 & 1 \\ 1 & 0 & 1 & 1 & 0 \end{pmatrix} \qquad A_2 = \begin{array}{c} \\ 0 \\ 1 \\ 2 \\ 3 \\ 4 \end{array} \begin{pmatrix} 0 & 1 & 2 & 3 & 4 \\ 0 & 0 & 0 & 1 & 0 \\ 1 & 0 & 1 & 1 & 0 \\ 0 & 0 & 0 & 1 & 1 \\ 0 & 0 & 0 & 0 & 1 \\ 1 & 0 & 0 & 0 & 0 \end{pmatrix}$$

图 6.3　邻接矩阵

用邻接矩阵表示图，很容易判断任意两个顶点之间是否有边，因此可以直接求出各个顶点的度。在无向图的邻接矩阵中，第 i 行的非零元素个数就是顶点 V_i 的度，而在有向图的邻接矩阵中，第 i 行的非零元素个数是顶点 V_i 的出度，第 i 列的非零元素个数是顶点 V_i 的入度。

从邻接矩阵中可以看出无向图的邻接矩阵是对称矩阵，因此存储时可以压缩。有向图的邻接矩阵一般不对称。

图的邻接矩阵类描述如下。

```java
// 图的抽象数据类型
public interface IGraph {
  void createGraph();
  int getVexNum();
  int getArcNum();
  Object getVex(int v) throws Exception;
  int locateVex(Object vex);
  int firstAdjvex(int v);
  int nextAdjvex(int v,int w);
}
// 图的枚举类型
public enum GraphKind {
  UDG,// 无向图 (UnDirected Graph)
  DG; // 有向图 (Directed Graph)
}
// 图的邻接矩阵类
import java.util.Scanner;
public class MGraph implements IGraph {
  public final static int INFINITY=Integer.MAX_VALUE;
  private GraphKind kind;
  private int vexNum,arcNum;
  private Object[]vexs;
  private int[][]arcs;
  public MGraph(){
    this(null,0,0,null,null);
  }
  public MGraph(GraphKind kind,int vexNum,int arcNum,Object[]vexs,int[][]arcs){
    this.kind=kind;
    this.vexNum=vexNum;
    this.arcNum=arcNum;
    this.vexs=vexs;
    this.arcs=arcs;
  }
  public void createGraph(){
    ...
  }
  private void createUDG(){
    ...
  }
  private void createDG(){
    ...
  }
  public int locateVex(Object vex){
    return arcNum;
    ...
```

```
    }
    public Object getVex(int v)throws Exception{
      if(v<0&&v>=vexNum)
        throw new Exception("第 "+v+" 个顶点不存在 ");
      return vexs[v];
    }
    public int firstAdjVex(int v)throws Exception{
      return v;
    }
    public GraphKind getKind() {
      return kind;
    }
    public void setKind(GraphKind kind) {
      this.kind = kind;
    }
    public int getVexNum() {
      return vexNum;
    }
    public void setVexNum(int vexNum) {
      this.vexNum = vexNum;
    }
    public int getArcNum() {
      return arcNum;
    }
    public void setArcNum(int arcNum) {
      this.arcNum = arcNum;
    }
    public Object[] getVexs() {
      return vexs;
    }
    public void setVexs(Object[] vexs) {
      this.vexs = vexs;
    }
    public int[][] getArcs() {
      return arcs;
    }
    public void setArcs(int[][] arcs) {
      this.arcs = arcs;
    }
    public int firstAdjvex(int v) {
      ...
    }
    public int nextAdjvex(int v, int w) {
      ...
    }
  }
```

　　用邻接矩阵存储图，虽然容易确定任意两个顶点之间是否有边，但是无论是求任何一个顶点的度还是查找任意顶点的邻接点，都需要访问对应的一行或者一列中的所有数据元素，时间复杂度较高。要想确定图中有多少条边，则必须按行检测矩阵中的每个数据元素，花费的时间代价更大。从空间角度考虑，无论图中顶点之间是否有边，都要在邻接矩阵中保留相应的存储空间，空间使用率较低，这也是使用邻接矩阵存储图的局限性。

（2）邻接表。图的邻接表是（adjacency list）是图的一种链式存储方法，类似于树的孩子链表表示法。邻接表由一个顺序存储的顶点表和若干链式存储的边表组成。其中，顶点表包含图中的所有顶点，边表只存储与顶点邻接的边。对于有向图而言，边表中存放的是所有以该顶点为起始点的边。仍然以图 6.2（a）、图 6.2（b）为例进行说明，图 6.4 是无向图 6.2（a）的邻接表，图 6.5 是有向图 6.2（b）的邻接表。

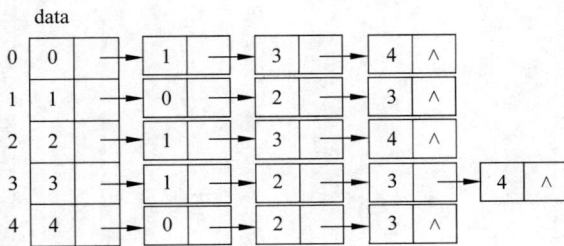

图 6.4　无向图的邻接表　　　　图 6.5　有向图的邻接表

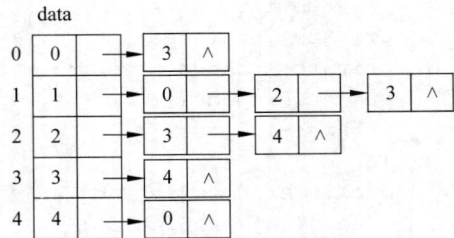

从图 6.4 和图 6.5 中不难看出，邻接表有以下特点。

首先，在无向图的邻接表中，顶点的度就等于邻接表中边结点的个数；而在有向图的邻接表中，边结点个数代表的是结点的出度，若求入度，需要遍历整个邻接表。

其次，对于有 n 个顶点 e 条边的无向图，其邻接表有 n 个顶点结点和 $2e$ 个边结点，而同样有 n 个顶点 e 条边的有向图，其邻接表有 n 个顶点结点和 e 个弧结点。显然，稀疏图使用邻接表存储比使用邻接矩阵存储更加节省空间。

图的邻接表存储相关类描述如下。

```
// 图的邻接表的顶点结点类
public class VNode {
  private Object data;
  private ArcNode firstArc;
  public VNode(){
    this(null,null);
  }
  public VNode(Object data){
    this(data,null);
  }
  public VNode(Object data,ArcNode firstArc){
    this.data=data;
    this.firstArc=firstArc;
  }
  public Object getData(){
    return data;
  }
  public ArcNode getFirstArc(){
    return firstArc;
```

```
        }
      public void setData(Object data){
        this.data=data;
      }
      public void setFirstArc(ArcNode firstArc){
        this.firstArc=firstArc;
      }
  }
  // 图的邻接表的边结点类
  public class ArcNode {
    private int adjVex;
    private int value;
    private ArcNode nextArc;
    public ArcNode(){
      this(-1,0,null);
    }
    public ArcNode(int adjVex){
      this(adjVex,0,null);
    }
    public ArcNode(int adjVex,int value){
      this(adjVex,value,null);
    }
    public ArcNode(int adjVex,int valuem,ArcNode nextArc){
      this.value=value;
      this.adjVex=adjVex;
      this.nextArc=nextArc;
    }
    public int getValue(){
      return value;
    }
    public ArcNode getNextArc(){
      return nextArc;
    }
    public int getAdjVex(){
      return adjVex;
    }
    public void setAdjVex(int adjVex){
      this.adjVex=adjVex;
    }
    public void setValue(int value){
      this.value=value;
    }
    public void setNextArc(ArcNode nextArc){
      this.nextArc=nextArc;
    }
  }
  // 图的邻接表类描述
  import java.util.Scanner;
  public class ALGraph {
```

```
private GraphKind kind;
private int vexNum,arcNum;
private VNode[]vexs;
public ALGraph(){
  this(null,0,0,null);
}
public ALGraph(GraphKind kind,int vexNum,int arcNum,VNode[]vexs){
  this.kind=kind;
  this.vexNum=vexNum;
  this.arcNum=arcNum;
  this.vexs=vexs;
}
public void createGraph(){
  Scanner sc=new Scanner(System.in);
  GraphKind kind=GraphKind.valueOf(sc.next());
  switch(kind){
  case DG:
    createDG();
  case UDG:
    createUDG();
  }
}
private void createDG(){
}
private void createUDG(){
}
public void addArc(int v,int u,int value){
}
public GraphKind getKind() {
  return kind;
}
public void setKind(GraphKind kind) {
  this.kind = kind;
}
public int getVexNum() {
  return vexNum;
}
public void setVexNum(int vexNum) {
  this.vexNum = vexNum;
}
public int getArcNum() {
  return arcNum;
}
public void setArcNum(int arcNum) {
  this.arcNum = arcNum;
}
public VNode[] getVexs() {
  return vexs;
}
```

```java
public void setVexs(VNode[] vexs) {
  this.vexs = vexs;
}
public int locateVex(Object vex){
  for(int v=0;v<vexNum;v++)
    if(vexs[v].getData().equals(vex))
      return v;
  return -1;
}
public Object getVex(int v)throws Exception{
  if(v<0&&v>=vexNum)
    throw new Exception("第 "+v+" 个顶点不存在 ");
  return vexs[v].getData();
}
public int firstAdjVex(int v)throws Exception{
  if(v<0&&v>=vexNum)
    throw new Exception("第 "+v+" 个顶点不存在 ");
  VNode vex=vexs[v];
  if(vex.getFirstArc()!=null)
    return vex.getFirstArc().getAdjVex();
  else
    return -1;
}
public int nextAdjvex(int v, int w) {
  return 0;
}
}
```

3. 图的遍历

1）图的深度优先遍历（depth first search）

深度优先遍历类似于树的先根遍历，是树的先根遍历的推广。假设初始状态是图中所有顶点都未曾被访问，则深度优先遍历可从图中某个顶点 V 出发，访问此顶点，然后依次从 V 的未被访问的邻接点出发深度优先遍历图，直至图中所有和 V 有路径相通的顶点都被访问到；若此时图中尚有顶点未被访问，则另选图中一个未曾被访问的顶点作为起始点，重复上述过程，直至图中所有顶点都被访问到为止。

对图 6.6（a）进行深度优先遍历的一个结果是 0—1—2—3—4，对图 6.6（b）进行深度优先遍历的一个结果是 1—2—3—4—0。

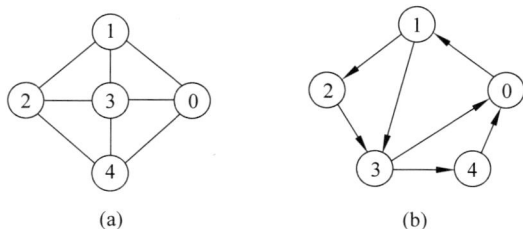

图的深度
优先遍历

(a)　　　　　　　(b)

图 6.6　图的遍历

图的深度优先遍历算法如下。

```
public class DFSTraverser {
  private static boolean[] visited;    // 访问标志数组
  public static void DFSTraverse(IGraph G)throws Exception{
    visited=new boolean[G.getVexNum()];
    for(int v=0;v<G.getVexNum();v++)
      visited[v]=false;
    for(int v=0;v<G.getVexNum();v++)
      if(!visited[v])
        DFS(G,v);
  }
  private static void DFS(IGraph G,int v)throws Exception{
  // 从第 v 个顶点出发递归地深度优先遍历图 G
  visited[v]=true;
    System.out.print(G.getVex(v).toString()+" ");
    for(int w=G.firstAdjvex(v);w>=0;w=G.nextAdjvex(v,w))
      if(!visited[w]){               // 对 v 尚未访问的邻接顶点 w 递归调用 DFS
        DFS(G,w)
    }
  }
}
```

2）图的广度优先遍历（breadth first search）

广度优先遍历类似于树的层序遍历，是树的层序遍历的推广。假设从图中某个顶点 V 出发，在访问了 V 之后依次访问 V 的各个未曾被访问过的邻接点，然后分别从这些邻接点出发依次访问它们的邻接点，并使"先被访问的顶点的邻接点"先于"后被访问的顶点的邻接点"被访问，直至图中所有已被访问的顶点的邻接点都被访问到；若此时图中尚有顶点未被访问，则另选图中一个未曾被访问的顶点作为起始点，重复上述过程，直至图中所有顶点都被访问到为止。换句话说，图的广度优先遍历过程是以 V 为起始点，由近至远，依次访问和 V 有路径相通且路径长度为 1，2，……的顶点。

图的广度优先遍历

对图 6.6（a）进行广度优先遍历的一个结果是 0—1—3—4—2，对图 6.6（b）进行广度优先遍历的一个结果是 0—1—2—3—4。

图的广度优先遍历算法如下。

```
public class BFSTraverser {
  private static boolean[] visited;    // 访问标志数组
  public static void BFSTraverse(IGraph G)throws Exception{
    visited=new boolean[G.getVexNum()];
    for(int v=0;v<G.getVexNum();v++)
      visited[v]=false;
    for(int v=0;v<G.getVexNum();v++)
      if(!visited[v])
        BFS(G,v);
  }
  private static void BFS(IGraph G,int v)throws Exception{
```

```
      visited[v]=true;
      System.out.print(G.getVex(v).toString()+" ");
      LinkQueue Q=new LinkQueue();                    // 辅助队列 Q
      Q.offer(v);
      while(!Q.isEmpty()){
      int u=(Integer)Q.poll();                        // 对头元素出队并赋值给 u
      for(int w=G.firstAdjvex(u);w>=0;w=G.nextAdjvex(u,w))
        if(!visited[w]){                              //w 为 u 的尚未访问的邻接顶点
          visited[w]=true;
          System.out.print(G.getVex(w).toString()+" ");
          Q.offer(w);
        }
      }
    }
  }
```

3）关于遍历结果是否唯一的研究

根据上述遍历算法不难发现，在深度优先遍历和广度优先遍历图的过程中，由于遍历的起始顶点选择不同，或者在遍历过程中对于多个未被访问的邻接点的访问顺序不同，可能导致不同的遍历结果，所以在一般情况下，图的遍历结果是不唯一的。

如果期望或者需要得到唯一的遍历结果，可以增加一些约束和限定条件，下面结合图的存储方式来简要说明。

当图采用邻接矩阵的存储方式时，因为邻接矩阵是唯一的，所以基于邻接矩阵进行的深度优先或者广度优先遍历的序列是唯一的；当图采用邻接表存储时，因为边的输入次序不唯一，所以遍历序列也不唯一。可以按照顶点编号由小到大，边的权值由小到大的存储顺序加以约束，就能够得到唯一的遍历序列。

4. 最短路径

在带权图中，从同一个源点出发到终点可能不止一条路径，把带权路径长度最短的那条路径称为最短路径。在现实生活中,求解最短路径是很有帮助的,例如,事故抢修、交通指挥、GPS 导航、商场的选址、对战游戏中的进攻路

最短路径 1　　　　最短路径 2

径等。常用的最短路径算法有两种：使用迪杰斯特拉算法计算某个源点到其余各顶点的最短路径和使用弗洛伊德算法计算每对顶点之间的最短路径。

（1）某源点到其余各顶点的最短路径。迪杰斯特拉提出了一个"按照最短路径长度递增的次序"求解最短路径的算法，具体步骤如下。

① 用 S 表示顶点集合，初始时，S 只包含源点，即 S={v}，顶点 v 到自己的距离为 0。U 表示除 v 外的其他顶点结合，源点 v 到 U 中顶点 i 的距离为边上的权（若 v 与 i 有边 <v, i>）或 ∞（若顶点 i 不是 v 的出边邻接点）。

② 从 U 中选取一个顶点 u，它是源点 v 到 U 中距离最小的一个顶点，然后把顶点 u 加入 S（该选定的距离就是源点 v 到顶点 u 的最短路径长度）。

③ 以顶点 u 为新考虑的中间点，修改源点 v 到 U 中各顶点 j（$j \in$U）的距离。若从源点 v 到顶点 j 经过顶点 u 的距离（$c_{vu}+w_{uj}$）比原来不经过顶点 u 的距离（c_{vj}）更短，则修

改从源点 v 到顶点 j 的最短距离值（$c_{vu}+w_{uj}$）。

④ 重复步骤②和③直到 S 包含所有的顶点，即 U 为空。

以图 6.7 为例来说明最短路径的求解过程，其中 dist[j] 保存 $i\text{-}j$ 的当前最短路径长度，path[j] 只保存当前最短路径中前一个结点的编号，结果如图 6.8 和表 6.1 所示。

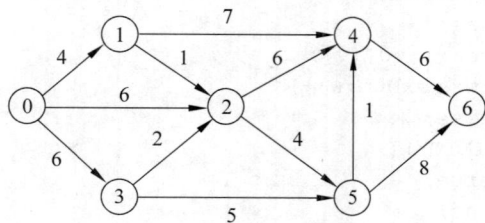

图 6.7　一个带权图

S	U	dist[]	path[]
		0 1 2 3 4 5 6	0 1 2 3 4 5 6
{0}	{1,2,3,4,5,6}	{0,4,6,6,∞,∞,∞}	{0,0,0,0,−1,−1,−1}
{0,1}	{2,3,4,5,6}	{0,4,5,6,11,∞,∞}	{0,0,1,0, 1,−1,−1}
{0,1,2}	{3,4,5,6}	{0,4,5,6,11,9,∞}	{0,0,1,0,1,2,−1}
{0,1,2,3}	{4,5,6}	{0,4,5,6,11,9,∞}	{0,0,1,0,1,2,−1}
{0,1,2,3,5}	{4,6}	{0,4,5,6,10,9.17}	{0,0,1,0,5,2,5}
{0,1,2,3,5,4}	{6}	{0,4,5,6,10,9,16}	{0,0,1,0,5,2,4}
{0,1,2,3,5,4,6}	{}	{0,4,5,6,10,9,16}	{0,0,1,0,5,2,4}

图 6.8　最短路径的构造过程

表 6.1　源点 0 到其余各个顶点的最短路径

源点	终点	最 短 路 径	路径长度
0	1	$\langle v_0,v_1\rangle$	4
0	2	$\langle v_0,v_1,v_2\rangle$	5
0	3	$\langle v_0,v_3\rangle$	6
0	4	$\langle v_0,v_1,v_2,v_5,v_4\rangle$	10
0	5	$\langle v_0,v_1,v_2,v_5\rangle$	9
0	6	$\langle v_0,v_1,v_2,v_5,v_4,v_6\rangle$	16

使用迪杰斯特拉算法构造最短路径的类描述如下。

```
// 使用迪杰斯特拉算法构造最短路径的类
// 求 v0 到其余顶点的最短路径
public class ShortestPath_DIJ {
  private boolean[][]P;
  private int[]D;
  public final static int INFINITY=Integer.MAX_VALUE;
  public void DIJ(MGraph G,int v0){
    int vexNum=G.getVexNum();
```

```
P=new boolean[vexNum][vexNum];
D = new int[vexNum];
//finish 为 true 当且仅当 v 属于 S，即已经求得从 v0 到 v 的最短路径
boolean[] finish=new boolean[vexNum];
for(int v=0;v<vexNum;v++){
  finish[v]=false;
  D[v]=G.getArcs()[v0][v];
  for(int w=0;w<vexNum;w++)
    P[v][w]=false;
  if(D[v]<INFINITY){
    P[v0][v]=true;
    P[v][v]=true;
  }
}
D[v0]=0;
finish[v0]=true;
int v=-1;
// 每次求得 v0 到某个顶点的最短路径，并添加 v 到 S
for(int i=1;i<vexNum;i++){
  int min=INFINITY;
  for(int w = 0; w < vexNum; w++)
    if(!finish[w])
      if(D[w]<min){
        v=w;
        min=D[w];
      }
  finish[v]=true;
  for(int w = 0; w < vexNum; w++)
  if(!finish[w]&&G.getArcs()[v][w]<INFINITY&&(min+G.getArcs()[v][w]<D[w])){
    D[w]=min+G.getArcs()[v][w];
    System.arraycopy(P[v], 0, P[w], 0, P[v].length);
    P[w][w]=true;
  }
}
}
public int[] getD(){
  return D;
}
public boolean[][] getP(){
  return P;
}
}
```

（2）每对顶点之间的最短路径。若要求图中任意两个顶点之间的最短路径，只要依次将每一个顶点当作源点，调用迪杰斯特拉算法 n 次即可。不过，弗洛伊德提出了另外一种解决这个问题的方法，虽然时间复杂度没有改变，但是算法形式更为简单。

弗洛伊德算法的基本思想是：以邻接矩阵表示带权有向图 G，附设两个矩阵，分别用来存放每一对顶点之间的路径和相应的路径长度，矩阵 **P** 表示路径，矩阵 **D** 表示路径长度。使用两个矩阵，经过反复的试探可得出顶点之间的最短路径。

使用弗洛伊德算法构造最短路径的类描述如下。

```java
// 使用弗洛伊德算法构造最短路径的类描述
public class ShortestPath_FLOYD {
  private boolean[][][] P;
  private int[][] D;
  public final static int INFINITY=Integer.MAX_VALUE;
  public void FLOYD(MGraph G) {
    int vexNum = G.getVexNum();
    P = new     boolean[vexNum][vexNum][vexNum];
    D = new int[vexNum][vexNum];
    for (int v = 0; v < vexNum; v++)        // 各对结点之间初始化已知路径及距离
    for (int w = 0; w < vexNum; w++) {
      D[v][w] = G.getArcs()[v][w];
      for (int u = 0; u < vexNum; u++)
      P[v][w][u] = false;
      if (D[v][w] < INFINITY) {             // 从 v 到 w 有直接路径
        P[v][w][v] = true;
        P[v][w][w] = true;
      }
    }
  for (int u = 0; u < vexNum; u++)
    for (int v = 0; v < vexNum; v++)
      for (int w = 0; w < vexNum; w++)
        if (D[v][u] < INFINITY && D[u][w] < INFINITY
          && D[v][u] + D[u][w] < D[v][w]) {     // 从 v 经 u 到 w 的一条路径最短
        D[v][w] = D[v][u] + D[u][w];
        for (int i = 0; i < vexNum; i++)
          P[v][w][i] = P[v][u][i] || P[u][w][i];
        }
  }
  public int[][] getD(){
    return D;
  }
  public boolean[][][] getP(){
    return P;
  }
}
```

根据上述算法求得图 6.9 所示的有向网，每一对顶点之间的最短路径及其路径长度如表 6.2 所示。

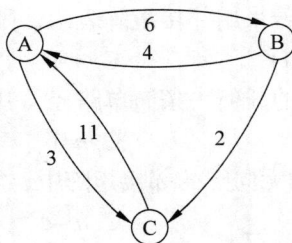

图 6.9 有向网

表 6.2　每对顶点的最短路径及长度

D	$D^{(-1)}$			$D^{(0)}$			$D^{(1)}$			$D^{(2)}$		
	A	B	C	A	B	C	A	B	C	A	B	C
A	0	4	11	0	4	11	0	4	6	0	4	6
B	6	0	0	6	0	2	6	0	2	5	0	2
C	3	2	0	3	7	0	3	7	0	3	7	0

P	$P^{(-1)}$			$P^{(0)}$			$P^{(1)}$			$P^{(2)}$		
	A	**B**	**C**	**A**	**B**	**C**	**A**	**B**	**C**	**A**	**B**	**C**
A		AB	AC		AB	AC		AB	ABC		AB	ABC
B	BA		BC	BA		BC	BA		BC	BCA		BC
C	CA			CA	CAB		CA	CAB		CA	CAB	

6.1.3　巩固基础

巩固基础

1. 图中有关路径的定义是（　　　）。

　A. 由顶点和相邻顶点构成的边所形成的序列

　B. 由不同顶点所形成的序列

　C. 由不同边所形成的序列

　D. 上述定义都不是

2. 在一个图中，所有顶点的度之和等于所有边数的（　　　）倍。

　A. 1/2　　　　　　　B. 1　　　　　　　　C. 2　　　　　　　　D. 4

3. 在一个有向图中，所有顶点的入度之和等于所有顶点出度之和的（　　　）倍。

　A. 1/2　　　　　　　B. 1　　　　　　　　C. 2　　　　　　　　D. 4

4. 有 n 个顶点的无向图最多有（　　　）条边。

　A. n　　　　　　　B. $n(n-1)$　　　　　C. $n(n-1)/2$　　　D. $2n$

5. 有 4 个顶点的无向图有（　　　）条边。

　A. 6　　　　　　　　B. 12　　　　　　　　C. 16　　　　　　　D. 20

6. 要连通具有 n 个顶点的无向图，至少需要（　　　）条边。

　A. $n-1$　　　　　　B. n　　　　　　　　C. $n+1$　　　　　　D. $2n$

7. 下列哪一种图的邻接矩阵是对称矩阵（　　　）？

　A. 有向图　　　　　B. 无向图　　　　　　C. AOV 网　　　　　　D. AOE 网

8. 具有 n 个顶点的无向图，若采用邻接矩阵表示，则该矩阵的大小是（　　　）。

　A. n　　　　　　　B. $(n-1)^2$　　　　　C. $n-1$　　　　　　D. n^2

9. 具有 n 个顶点的连通图中的任何一条简单路径，其长度不可能超过（　　　）。

　A. 1　　　　　　　　B. $n/2$　　　　　　　C. $n-1$　　　　　　D. n^2

10. 含有 n 个顶点和 e 条边的无向图的邻接矩阵中，零元素的个数是（　　　）。

　A. e　　　　　　　B. $2e$　　　　　　　　C. n^2-e　　　　　　D. n^2-2e

善询篇

6.1.4　头脑风暴

思考一下，在现实生活中有哪些场景用到了最短路径算法？在应用过程中是否充分发挥了图形结构的优点？图形结构有没有缺点？应该如何改进？将心得记录到表 6.3 中，以防遗忘，也可分享出去，以获得更强的思维碰撞。学习中遇到的疑惑也可一并记录，问题是成长的阶梯，解决问题的过程就是思维进步的过程。

表 6.3　图的应用

我的想法	集思广益

笃行篇

6.1.5　案例分析

社区超市选址问题可以根据弗洛伊德算法先计算出各个社区之间的最短路径，然后计算出每个社区到其余各个社区之间的最短路径的和，结果值最小的社区作为超市建立的位置。

6.1.6　案例实现

具体代码如下。

```
public class SuperMarket {
  public final static int INFINITY=Integer.MAX_VALUE;
  public static void main(String[] agrs)throws Exception{
    Object vexs[]={"A","B","C","D"};
    int[][] arcs={{0,6,3,3},{6,0,2,5},{3,2,0,4},{3,5,4,0}};
    MGraph G=new MGraph(GraphKind.UDG,4,7,vexs,arcs);
    ShortestPath_FLOYD floyd=new ShortestPath_FLOYD();
    floyd.FLOYD(G);
    display(floyd.getD());
    findPlace(G,floyd.getD());
  }
  // 输出各个社区的最短路径长度
  public static void display(int[][]D){
```

```
System.out.println(" 各个社区之间的最短路径长度为: ");
for(int v=0;v<D.length;v++){
  for(int w=0;w<D.length;w++)
    System.out.print(D[v][w]+"\t");
  System.out.println();
}
}
// 求出到其余各个顶点的最短路径之和最小的顶点，就是计划建超市的位置
public static void findPlace(MGraph G,int[][]D)throws Exception{
  int min=INFINITY;
  int sum=0;
  int u=-1;
  for(int v=0;v<D.length;v++){
    sum=0;
    for(int w=0;w<D.length;w++)
      sum+=D[v][w];
    if(min>sum){
      min=sum;
      u=v;
    }
  }
  System.out.println(" 超市应该建在 "+G.getVex(u)+" 社区附近,其到其余各个社区的路
  径长度依次为: ");
  for(int i=0;i<D.length;i++)
    System.out.print(D[u][i]+"\t");
  System.out.println();
}
}
```

运行结果如下。

各个社区之间的最短路径长度为:

0	5	3	3
5	0	2	5
3	2	0	4
3	5	4	0

超市应该建在 C 社区附近，C 社区到其余各个社区的路径长度依次为:

3	2	0	4

6.1.7　总结提高

图是一种比线性结构和树形结构更为复杂的结构，在现实生活中有着更为广泛的应用。图的相关概念以及图的存储和遍历都对解决实际问题有很大帮助，应该在理解的基础上学会灵活运用。

本节在图的应用部分以社区超市选址为例说明了如何应用弗洛伊德算法求解最短路径，可以在此基础上尝试使用迪杰斯特拉算法解决同样的问题。

6.2　局域网络布线——最小生成树

勤 学 篇

6.2.1　案例说明

某学校要组建校园网，请尝试设计出最佳的方案，使建立起来的局域网络在保证网内计算机能正常通信的同时耗费最小。

6.2.2　知识储备

1. 最小生成树的概念

在 6.1 节中已经提到了生成树的概念，图的生成树具有如下特点。

（1）生成树的顶点个数与图的顶点个数相同（是连通图的极小连通子图）。

（2）一个包含 n 个顶点的连通图的生成树只有 $n–1$ 条边。

（3）在生成树中再加一条边必然形成回路。

（4）生成树中任意两个顶点间的路径是唯一的。

最小生成树就是在图的所有生成树中，权值总和最小的生成树。构造最小生成树应该遵循以下准则：只能使用原图中的 $n–1$ 条不产生回路的边。需要说明的是，最小生成树一定存在，但是不一定是唯一的。

求解图的最小生成树的典型算法有克鲁斯卡尔算法（Kruskal）和普里姆（Prim）算法，下面分别介绍。

2. 用克鲁斯卡尔算法求解最小生成树

克鲁斯卡尔算法的基本思想为：对于包含 n 个顶点的图，为使其生成树上总的权值之和达到最小，应从权值最小的边开始，按照权值递增的方式依次找出 $n–1$ 条互不构成回路的权值最小的边。

具体做法如下：首先构造一个含有 n 个顶点的森林，然后依权值从小到大的顺序从图中选择不产生回路的边加入到森林中，直至该森林变成一棵树为止，这棵树就是最小生成树。

以图 6.10 为例，使用克鲁斯卡尔算法构造最小生成树的过程如图 6.11 所示。

3. 使用普里姆算法求解最小生成树

普利姆算法步骤如下。

（1）设 $N=(V,E)$ 是个连通网，另设 U 为最小生成树的顶点集，TE 为最小生成树的边集。

（2）初始状态：$U=\{u_0\}$（$u_0 \in V$），TE$=\varphi$。

（3）在 $u \in U$，$v \in (V–U)$ 所有的边 $(u,v) \in E$ 中，找一条代价最小的边 (u_0,v_0)，并将边 (u_0,v_0) 并入集合 TE，同时 v_0 并入 U。

（4）重复（3），直到 $U=V$ 为止。

仍以图 6.10 为例，使用普里姆算法构造最小生成树的过程如图 6.12 所示。

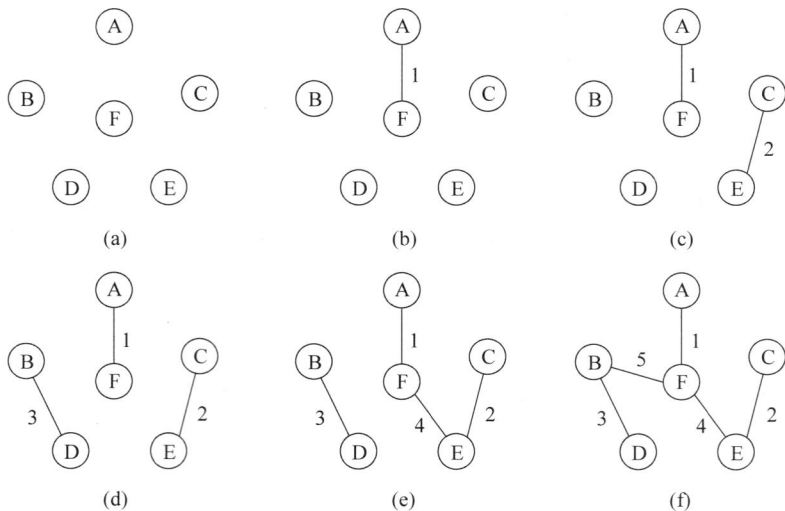

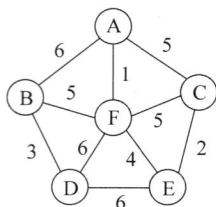

图 6.10　带权图

图 6.11　使用克鲁斯卡尔算法构造最小生成树的过程

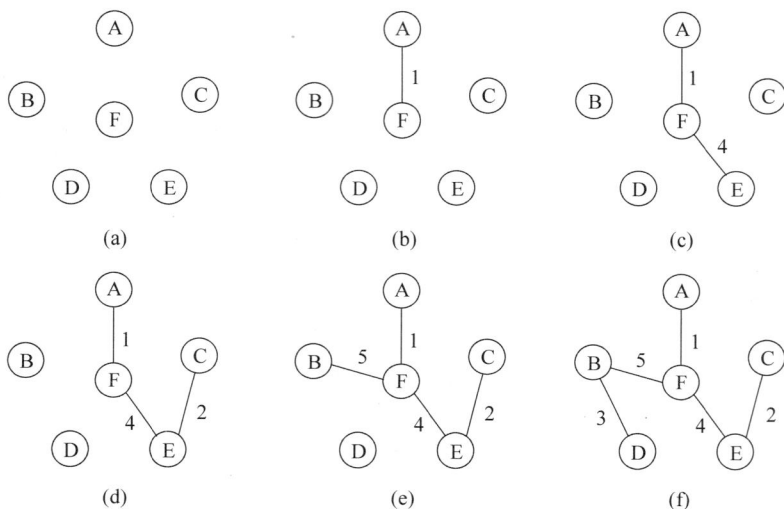

图 6.12　使用普里姆算法构造最小生成树的过程

6.2.3　巩固基础

巩固基础

1. n 个顶点的无向图的最小生成树有（　　　）条边。

　　A. n　　　　　　　　　B. $n-1$　　　　　　　　C. n^2　　　　　　　　D. $n/2$

2. 在一个含 n 个顶点和 e 条边的无向图的邻接矩阵中，表示边存在的元素的个数为（　　　）。

　　A. e　　　　　　　　B. $2e$　　　　　　　　C. n^2-e　　　　　　　D. n^2-2e

3. 在一个含 n 个顶点和 e 条边的有向图的邻接矩阵中，表示边存在的元素的个数为（　　　）。

A. e B. $2e$ C. n^2-e D. n^2-2e

4. 若一个图中有 k 个连通分量，按照图的深度优先遍历访问所有顶点，则必须调用（ ）次深度优先遍历算法。

     A. 1   B. $k-1$ C. k D. $k+1$

5. 若一个图的边集为 {(A，B)(A，C)(B，D)(C，F)(D，E)(D，F)}，则从顶点 A 开始对该图进行深度优先搜索，得到的顶点序列可能为（ ）。

     A. A、B、C、F、D、E   B. A、C、F、D、E、B
     C. A、B、D、C、F、E   D. A、B、D、F、E、C

6. 若一个图的边集为 {(A，B)(A，C)(B，D)(C，F)(D，E)(D，F)}，则从顶点 A 开始对该图进行广度优先搜索，得到的顶点序列可能为（ ）。

     A. A、B、C、F、D、E   B. A、C、F、D、E、B
     C. A、B、D、C、F、E   D. A、B、D、F、E、C

善　询　篇

6.2.4　头脑风暴

思考一下，在现实生活中有哪些场景用到了最小生成树算法？这个算法有没有缺点？应该如何改进？将心得记录到表 6.4 中，以防遗忘，也可分享出去，以获得更强的思维碰撞。学习中遇到的疑惑也可一并记录，问题是成长的阶梯，解决问题的过程就是思维进步的过程。

表 6.4　最小生成树算法应用

我的想法	集思广益

笃　行　篇

6.2.5　案例分析

在建设校园网络的实际工作中，首先要进行实地考察，分析办公地点之间的情况，哪些地方可以布线，哪些地方无法布线？对于可以布线的，还要计算出相应的成本。假设每条通信线路的建设费用相同，那么在网络对应的拓扑图的任意一棵生成树上建立连接即可；如果每条通信线路的建设费用有所不同，那么就需要在最小生成树上建立通信网络，才能够达到耗费最小的目的。尝试根据普里姆算法的思想构造最小生成树，完成校园网络的建设工作。

6.2.6　案例实现

具体代码如下。

```java
// 普里姆算法构造最小生成树的类描述
public class MiniSpanTree_PRIM {
  private class CloseEdge{
    Object adjVex;
    int lowCost;
    public CloseEdge(Object adjVex,int lowCost){
      this.adjVex=adjVex;
      this.lowCost=lowCost;
    }
  }
  // 从第 u 个顶点出发构造最小生成树 T
  public Object[][] PRIM(MGraph G,Object u)throws Exception{
    Object[][] tree=new Object[G.getVexNum()-1][2];
    int count=0;
    CloseEdge[] closeEdge=new CloseEdge[G.getVexNum()];
    int k=G.locateVex(u);
    for(int j=0;j<G.getVexNum();j++){              // 辅助数组初始化
      if(j!=k)
        closeEdge[j]=new CloseEdge(u,G.getArcs()[k][j]);
        closeEdge[k]=new CloseEdge(u,0);
        for(int i=1;i<G.getVexNum();i++){          // 选择其余顶点
          k=getMinMum(closeEdge);
          tree[count][0]=closeEdge[k].adjVex;    // 生成树的边放入数组中
          tree[count][1]=G.getVex(k);
          count++;
          closeEdge[k].lowCost=0;                 // 第 k 个顶点放入集合 U
          for(int j1=0;j1<G.getVexNum();j1++)
            if(G.getArcs()[k][j1]<closeEdge[j1].lowCost)
              closeEdge[j1]=new CloseEdge(G.getVex(k),G.getArcs()[k][j1]);
        }
    }
    return tree;
  }
  private int getMinMum(CloseEdge[] closeEdge) {
    int min=Integer.MAX_VALUE;
    int v=-1;
    for(int i=0;i<closeEdge.length;i++)
      if(closeEdge[i].lowCost!=0&&closeEdge[i].lowCost<min){
        min=closeEdge[i].lowCost;
        v=i;
      }
    return v;
  }
}
// 生成树的边放入数组中
public class NetGraph {
```

```
public final static int INFINITY=Integer.MAX_VALUE;
public static void main(String args[])throws Exception{
    Object vexs[]={"A","B","C","D","E","F"};
int[][]arcs={{INFINITY,7,1,5,INFINITY,INFINITY},{7,INFINITY,6,INFINITY,3,INFINITY},
{1,6,INFINITY,7,6,4},{5,INFINITY,7,INFINITY,INFINITY,2},{INFINITY,3,6,
INFINITY,INFINITY,7},
        {INFINITY,INFINITY,4,2,7,INFINITY}};
    MGraph G=new MGraph(GraphKind.UDG,6,10,vexs,arcs);
    Object[][]tree=new MiniSpanTree_PRIM().PRIM(G, "A");
    for(int i=0;i<tree.length;i++)
        System.out.println(tree[i][0]+"-"+tree[i][1]);
}
}
```

6.2.7　总结提高

图的最小生成树算法在实际生活中有着广泛的应用。例如，城市之间的高速公路建设、自来水或者天然气管道的铺设等都需要考虑成本问题，此时，通过构造最小生成树算法可得出既经济又实用的解决方案，而且最小生成树的构造算法不是唯一的，可以根据实际需要来选择最合适的算法。

请在实现普里姆算法构造最小生成树的基础上，尝试使用克鲁斯卡尔算法构造最小生成树。

6.3　教学计划的编制——拓扑排序

勤　学　篇

6.3.1　案例说明

大学计算机专业开设的必修课程关系如表6.5所示，假设每门课程开设一个学期，请尝试根据课程关系，合理安排教学计划。

表 6.5　计算机专业必修课程关系表

课程代号	课　程　名　称	先修课程
C_1	高等数学	无
C_2	计算机基础	C_1
C_3	离散数学	C_1C_2
C_4	数据结构	C_1
C_5	面向对象程序设计	C_3,C_4
C_6	编译原理	C_3,C_5

6.3.2　知识储备

在我们的生活中，很多事情是息息相关的，而且有先后顺序，如果不按照特定的顺序就得不到预期的结果。例如，在盖房子的过程中，必须先打地基，再由下向上逐层建造，每一层都应按照严格的标准施工，这样才能保证质量安全。不可能为了提高效率而将若干楼层同时施工，因为没有坚实基础的空中楼阁是无法实现的。学习知识的过程也是一样的，需要日积月累、循序渐进，在扎实掌握基础知识的前提下，才能继续学习其他知识。因此就提出了拓扑排序的概念。

如果在有向图中，用顶点表示活动，用边表示活动之间的某种制约关系，则这样的有向图称为顶点活动网（activity on vertex network，AOV 网）；如果在带权的有向图中，用顶点表示事件，边表示活动，权值表示完成活动所需要的时间，则称此图为边活动网（activity on edge network，AOE 网）。

通常可以用有向无环图来描述一项工程或者任务的进行情况。对于整个工程或者系统，人们主要关心的是工程能否顺利进行以及工程完工所必需的最短时间。

1. 拓扑排序的概念

拓扑排序是对有向无环图的顶点进行的一种排序。如果存在一条从 V_i 到 V_j 的路径，那么在排序中 V_j 出现在 V_i 的后面。显然图中有环是不能得到拓扑排序序列的，并且拓扑排序的序列也不一定唯一。

2. 拓扑排序的实现

如果用 AOV 网表示一个系统工程，AOV 网的一个拓扑排序序列就是整个工程中所有活动可以顺利完成的一种可行方案。为了保证工程顺利完成，AOV 网中一定不能有环，因为出现环就意味着某些活动的开始是以自身任务的完成为先决条件的，这不符合常理。

对有向无环图进行拓扑排序的方法如下。

（1）在图中选出一个入度为 0 的顶点，并且输出。

（2）从图中删除这个顶点以及所有与其连接的边。

（3）重复（1）和（2），直到全部顶点均被输出。

以图 6.13 为例，拓扑排序的实现过程如图 6.14 所示。

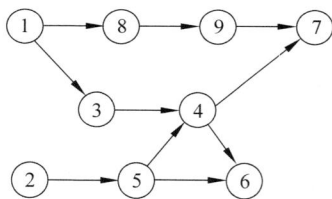

图 6.13　有向无环图

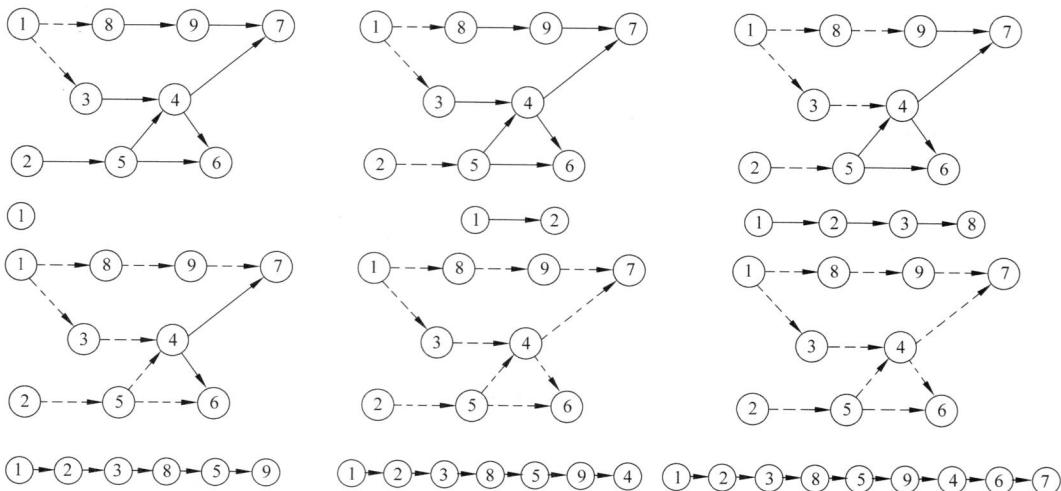

图 6.14　有向无环图的拓扑排序过程

当然，拓扑排序的结果不是唯一的，图 6.13 还可以得到 2—1—8—3—9—5—4—6—7 等结果。

6.3.3　巩固基础

巩固基础

1. 拓扑排序可以用于（　　　）。
   A. 检查有向图是否有环
   B. 计算有向图的最短路径
   C. 寻找有向图的所有路径
   D. 确定有向图的连通分量

2. 在拓扑排序中，如果存在多个入度为 0 的顶点，那么（　　　）。
   A. 可以任选一个作为起始顶点
   B. 必须选择编号最小的顶点
   C. 必须选择编号最大的顶点
   D. 无法进行拓扑排序

3. 以下关于拓扑排序的说法，错误的是（　　　）。
   A. 拓扑排序的结果是一个有序的顶点序列
   B. 有向图中若存在环，则无法进行拓扑排序
   C. 拓扑排序可以使用深度优先搜索算法实现
   D. 拓扑排序的结果与顶点的初始编号有关

4. 一个有向图经过拓扑排序后得到的序列唯一，那么这个图（　　　）。
   A. 一定是一棵树
   B. 一定是一条链
   C. 可能存在多个入度为 0 的顶点
   D. 不可能存在多个出度为 0 的顶点

5. 对于拓扑排序的结果，如果要验证其正确性，需要检查（　　　）。
   A. 每个顶点的入度是否为 0
   B. 每个顶点的出度是否为 0
   C. 相邻顶点之间是否存在反向边
   D. 图中是否存在孤立顶点

善　询　篇

6.3.4　头脑风暴

思考一下，在现实生活中有哪些场景用到了拓扑排序？在应用过程中是否充分发挥了算法的优点？有哪些地方需要改进？将心得记录到表 6.6 中，以防遗忘，也可分享出去，以获得更强的思维碰撞。学习中遇到的疑惑也可一并记录，问题是成长的阶梯，解决问题的过程就是思维进步的过程。

表 6.6　拓扑排序应用

我的想法	集思广益

-- ·**笃 行 篇**· --

6.3.5　案例分析

　　根据表 6.5，将课程关系抽象成有向图，如图 6.15 所示。编制教学计划的过程就是求解代表课程关系的有向图的拓扑排序的过程。在算法实现过程中，要注意拓扑排序的生成步骤，要循环反复查找入度为 0 的顶点，并且调用 remove( ) 方法删除相应的顶点。

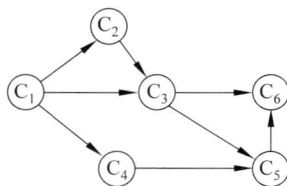

图 6.15　课程关系图

6.3.6　案例实现

　　具体代码如下。

```java
// 图中的结点类
public class Vertex {
  private Object value;
  Vertex(Object value) {
      this.value = value;
  }
  Object value() {
      return value;
  }
  public String toString() {
      return "" + value;
  }
}
// 拓扑排序的实现类
public class Topology {
  private Vertex[] vertexs;
  private Object[][] adjMat;                          // 记载是否联通
  private int length = 0;
  private static Object CONN = new Object();          // 标志是否联通
  Topology(int size) {
    vertexs = new Vertex[size];
    adjMat = new Object[size][size];
  }
  void add(Object value) {
    assert length <= vertexs.length;
```

```
  vertexs[length++] = new Vertex(value);
}
void connect(int from, int to) {
  assert from < length;
  assert to < length;
  adjMat[from][to] = CONN;            // 标志联通
}
void remove(int index) {             // 移除指定的顶点
  remove(vertexs,index);             // 在顶点数组中删除指定位置的下标
  for(Object[] bs: adjMat)
    remove(bs,index);                // 邻接矩阵中删除指定的列
    remove(adjMat,index);            // 在邻接矩阵中删除指定的行
    length--;
}
private void remove(Object[] a, int index) {
                                     // 在数组中移除指定的元素，后面的元素补上空位
  for(int i=index; i<length-1; i++)
  a[i] = a[i+1];
}
int noNext() {        // 寻找没有后继的结点
  int result = -1;
  OUT:
  for(int i=0; i<length; i++) {
    for(int j=0; j<length; j++) {
      if(adjMat[i][j] == CONN) continue OUT;    // 如果有后继则从外循环继续寻找
    }
    return i;                        // 如果没有与任何结点相连，则返回该结点下标
  }
  return -1;                         // 否则返回 -1
}
Object[] topo() {
  Object[] result = new Object[length];         // 准备结果数组
  int index;
  int pos = length;
  while(length > 0) {
    index = noNext();                // 找到第一个没有后继的结点
    assert index != -1 : "图中存在环";
    result[--pos] = vertexs[index];  // 放入结果中
      remove(index);                 // 从图中把它删除
    }
    return result;
}
public static void main(String[] args) {
    Topology g = new Topology(20);
    g.add("C1 高等数学 ");
    g.add("C2 计算机基础 ");
    g.add("C3 离散数学 ");
    g.add("C4 数据结构 ");
    g.add("C5 面向对象程序设计 ");
```

```
        g.add("C6 编译原理 ");
        g.connect(0,1);
        g.connect(0,2);
        g.connect(0,3);
        g.connect(1,2);
        g.connect(2,4);
        g.connect(2,5);
        g.connect(3,4);
        g.connect(4,5);
        System.out.println(" 教学计划安排如下: ");
        for(Object o: g.topo()) System.out.print(o + "——>");
            System.out.println();
    }
}
```

运行结果如下。

教学计划安排如下：
C1 高等数学 →C4 数据结构 →C2 计算机基础 →C3 离散数学 →C5 面向对角程序设计 →C6 编译原理

6.3.7　总结提高

拓扑排序算法不仅可以应用于智能排课系统，也可以应用在工程之中。将一个大型的工程划分成若干个子工程，每个子工程之间具有一定的前驱和后继关系，即某些子工程必须等到其他工程完工之后才能开始，因此合理安排工程的开工顺序，规划工程的进度，才能够在预计的工期内实现完工的目标。

6.4　求解工程的关键路径——关键路径

勤　学　篇

6.4.1　案例说明

如图 6.16 所示，是某工程的 AOE 网，V_1 是开始事件，V_6 是结束事件，其中顶点事件所需的时间用弧上的权值表示，尝试编写代码计算工程实施过程中各个事件的最早、最晚发生时间以及活动的最早、最晚开始时间，并且输出关键路径上的关键活动。

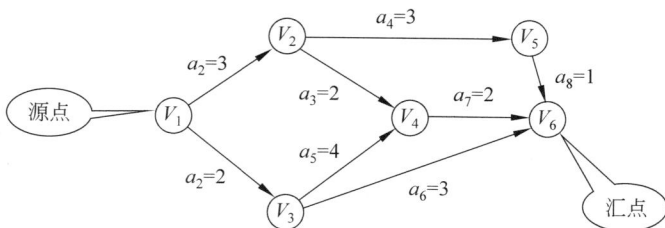

图 6.16　某工程的 AOE 网

6.4.2 知识储备

关键路径主要是针对 AOE 网的。例如代表某项工程进度的 AOE 网中，顶点表示事件，弧表示活动，弧上的数字表示完成该活动所需的时间。如图 6.17 所示，用 V_1 表示整个工程的开始事件，V_9 表示整个工程的结束事件，V_5 表示活动 a_4 和 a_5 完成的同时，活动 a_7 和 a_8 开始的事件。

可以看出一个工程的 AOE 网有以下特点。

（1）是只有一个源点（起始点）和一个汇点（结束点）的有向无环图。

（2）只有在某顶点所代表的事件发生后，从该顶点出发的各有向边所代表的活动才能开始。

（3）只有在进入某一顶点的各有向边所代表的活动都已经结束后，该顶点所代表的事件才能发生。

从图 6.17 的 AOE 网中可以看出，该工程从开始到结束需要 16 天，其中 a_1，a_4，a_7，a_{10} 这四项活动必须按时开始，按时完成，否则将延误整个工期，导致不能在 16 天内完工。于是 a_1，a_4，a_7，a_{10} 被称为关键活动，由他们组成的路径（V_1，V_2，V_5，V_7，V_9）称为关键路径。

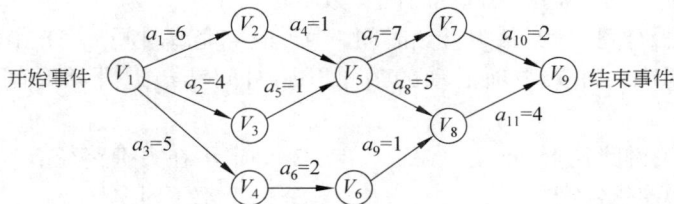

图 6.17　用 AOE 网描述的工程进度实例

由于 AOE 网中的某些活动可以并行进行，因此完成整个工程的最短时间就是从源点到汇点的最长路径长度，这条路径称为关键路径（critical path）。构成关键路径的弧称为关键活动。

假设 V_1 为源点，V_n 为汇点，事件 V_1 发生的时刻为 0。从 V_1 到 V_n 的最长路径长度叫作事件 V_i 的最早发生时间（可以从源点开始拓扑排序得到），这个时间决定了以 V_i 为弧尾的活动的最早开始时间，用 $e[i]$ 来表示。还可以定义一个活动的最晚开始时间 $l[i]$，这是在不延误整个工期的前提下，活动 a_i 的最迟开始时间（可以从汇点开始拓扑排序得到）。$l[i]-e[i]$ 表示完成活动 a_i 的时间余量。当 $l[i]=e[i]$ 时，此活动称为关键活动。

在图 6.17 所示的 AOE 网中，事件的发生时间和活动的开始时间如图 6.18 所示。

6.4.3 巩固基础

1. 关于关键路径，下列说法正确的是（　　　）。

A. 关键路径上的活动都是关键活动

B. 减少关键活动的时间一定能缩短工期

C. 关键路径上的活动的最早开始时间等于最迟开始时间

巩固基础

顶点	V_e	$V_l[i]$
V_1	0	0
V_2	6	6
V_3	4	6
V_4	5	9
V_5	7	7
V_6	7	11
V_7	14	14
V_8	12	12
V_9	16	16

活动	$e[i]$	$I[i]$	$I[i]-e[i]$
a_1	0	0	0
a_2	0	2	2
a_3	0	4	4
a_4	6	6	0
a_5	4	6	2
a_6	5	9	4
a_7	7	7	0
a_8	7	7	0
a_9	7	11	4
a_{10}	14	14	0
a_{11}	12	12	0

(a) 事件的发生时间　　　　　　　　(b) 活动的开始时间

图 6.18　AOE 网中的事件发生时间和活动开始时间

　　　　D. 增加非关键路径上活动的资源投入一定能缩短工期

　　2. 计算关键路径时，需要用到的时间参数不包括（　　　　）。

　　　　A. 最早开始时间　　B. 最迟开始时间　　C. 最早完成时间　　D. 平均完成时间

　　3. 在 AOE 网中，如果一项活动的最早开始时间和最迟开始时间相等，那么该活动（　　　　）。

　　　　A. 一定在关键路径上　　　　　　　　　B. 一定不在关键路径上

　　　　C. 可能在关键路径上　　　　　　　　　D. 以上都不对

　　4. 以下关于关键路径的描述，错误的是（　　　　）。

　　　　A. 关键路径可能不止一条

　　　　B. 关键路径上的活动延迟会导致整个项目的工期延迟

　　　　C. 缩短关键路径上活动的时间可以缩短项目工期

　　　　D. 非关键路径上的活动延迟不会影响项目工期

　　5. 在计算关键路径时，某活动的最迟完成时间为 10，最早完成时间为 8，该活动的工期为 2，那么它的最迟开始时间是（　　　　）。

　　　　A. 6　　　　　　　　B. 7　　　　　　　　C. 8　　　　　　　　D. 9

善　询　篇

6.4.4　头脑风暴

　　思考一下，在现实生活中有哪些场景用到了关键路径？在应用过程中是否充分发挥了图形结构的优点？应该如何改进？将心得记录到表 6.7 中，以防遗忘，也可分享出去，以获得更强的思维碰撞。学习中遇到的疑惑也可一并记录，问题是成长的阶梯，解决问题的过程就是思维进步的过程。

表 6.7　关键路径的应用

我的想法	集思广益

笃　行　篇

6.4.5　案例分析

　　求解关键路径必须首先确定关键活动。由于关键活动是时间余量为零的活动，因此，必须求出各项活动的最早开始时间和最晚开始时间，而这些又必须以事件的最早开始时间和最晚开始时间为前提。计算各个事件的最早开始时间是在拓扑排序的执行过程中实现的，各个事件的最晚开始时间则可以通过逆拓扑排序得到。

6.4.6　案例实现

　　具体代码如下。

```java
import java.util.Arrays;
// 定义栈
class Stack {
  private Object[] elementData;
  private int currentCapacity;
  private int base;
  private int top;
  private int capacityIncrements;
  private int initCapacity;
  public Stack(){
    base = 0;
    top = 0;
    initCapacity = 10;
    capacityIncrements = 10;
    currentCapacity = initCapacity;
    elementData = new Object[initCapacity];
  }
  public void push(Object obj) {
    if (top < currentCapacity) {
      elementData[top++] = obj;
    }
    else {
      // 扩容
```

```java
        currentCapacity += capacityIncrements;
        ensureCapacityHelper();
        elementData[top++] = obj;
      }
    }
    private void ensureCapacityHelper() {
      elementData = Arrays.copyOf(elementData, currentCapacity);
    }
    public int getSize() {
      return top;
    }
    public Object pop() throws Exception {
      if (top > base) {
        Object obj = elementData[top - 1];
        elementData[top--] = null;
        return obj;
      } else {
        throw new ArrayIndexOutOfBoundsException("stack is null");
      }
    }
    public String toString() {
      String str = "";
      for (int i = 0; i < top; i ++) {
        str += elementData[i].toString() + " ";
      }
      return str;
    }
    public Object getTop() {
      return elementData[top - 1];
    }
    public boolean isEmpty() {
      if (base == top) {
        return true;
      } else {
        return false;
      }
    }
  }
// 定义异常
public class MyException extends Exception {
  private static final long serialVersionUID = 1L;
  public MyException(String str) {
    super(str);
  }
  public MyException() {}
}
// 定义邻接表存储图
class ArcNode {
  int adjvex;                              // 表头顶点的邻接顶点编号
  int data;                                // 边的信息
  int edge;
  ArcNode nextArc;                         // 指向下一个邻接顶点的指针
```

```
  public ArcNode(int adjvex, int data, int edge, ArcNode nextArc) {
    this.adjvex = adjvex;
    this.data = data;
    this.nextArc = nextArc;
    this.edge = edge;
  }
  public int getAdjvex() {
    return adjvex;
  }
  public void setAdjvex(int adjvex) {
    this.adjvex = adjvex;
  } .
  public int getData() {
    return data;
  }
  public void setData(int data) {
    this.data = data;
  }
  public ArcNode getNextArc() {
    return nextArc;
  }
  public void setNextArc(ArcNode nextArc) {
    this.nextArc = nextArc;
  }
}
// 定义头结点
class HeadNode {
  String data;                                    // 结点的信息
  ArcNode firstArc;                               // 指向第一个邻接顶点的指针
  public HeadNode() {
  }
  public HeadNode(String data) {
    this.data = data;
  }
  public HeadNode(String data, ArcNode firstArc) {
    this.data = data;
    this.firstArc = firstArc;
  }
  public String getData() {
    return data;
  }
  public void setData(String data) {
    this.data = data;
  }
  public ArcNode getFirstArc() {
    return firstArc;
  }
  public void setFirstArc(ArcNode firstArc) {
    this.firstArc = firstArc;
  }
}
```

```java
// 求解关键路径
public class AdjacencyList {
  public static void main(String[] args) throws Exception {
    //v1
    ArcNode an1 = new ArcNode(3, 2, 2, null);
    ArcNode an2 = new ArcNode(2, 3, 1,an1);
    //v2
    ArcNode an3 = new ArcNode(5, 3, 4, null);
    ArcNode an4 = new ArcNode(4, 2, 3, an3);
    //v3
    ArcNode an5 = new ArcNode(4, 4, 5, null);
    ArcNode an6 = new ArcNode(6, 3, 6, an5);
    //v4
    ArcNode an7 = new ArcNode(6, 2, 7, null);
    //v5
    ArcNode an8 = new ArcNode(6, 1, 8, null);
    // 定义一个图
    HeadNode n1 = new HeadNode("v1", an2);
    HeadNode n2 = new HeadNode("v2", an4);
    HeadNode n3 = new HeadNode("v3", an6);
    HeadNode n4 = new HeadNode("v4", an7);
    HeadNode n5 = new HeadNode("v5", an8);
    HeadNode n6 = new HeadNode("v6", null);
    HeadNode[] hns = new HeadNode[]{n1, n2, n3, n4, n5, n6};
    // 求关键路径
    Stack s = new Stack();
    Stack t = new Stack();
    int[] inDegree = new int[hns.length];
    for (int i = 0; i < inDegree.length; i++) {
      inDegree[i] = 0;
    }
    int[] ve = new int[hns.length];
    for (int i = 0; i < ve.length; i++) {
      ve[i] = 0;
    }
    toplogicalOrder(hns, s, inDegree, t, ve);
    System.out.println("----------- 每个点的入度 ");
    for (int i = 0; i < inDegree.length; i++) {
      System.out.println(inDegree[i]);
    }
    System.out.println("----------- 事件的最早发生时间 ");
    for (int i = 0; i < ve.length; i++) {
      System.out.println(ve[i]);
    }
    int[] vl = new int[hns.length];
    for (int i = 0; i < vl.length; i++) {
      vl[i] = ve[ve.length - 1];
    }
    lastHappen(hns, vl, t);
    System.out.println("----------- 事件的最晚发生时间 ");
    for (int i = 0; i < vl.length; i++) {
      System.out.println(vl[i]);
```

```
    }
    //8 是边的数目
    int[] e = new int[8];
    for (int i = 0; i < e.length; i++) {
      e[i] = 0;
    }
    activityEarly(hns, e, ve);
    System.out.println("------------- 活动的最早开始时间 ");
    for (int i = 0; i < e.length; i++) {
      System.out.println(e[i]);
    }
    int[] l = new int[8];
    for (int i = 0; i < l.length; i++) {
      l[i] = 0;
    }
    activityLast(hns, l, vl);
    System.out.println("------------ 活动的最晚开始时间 ");
    for (int i = 0; i < l.length; i++) {
      System.out.println(l[i]);
    }
    /**
     * 若某条弧满足条件 e(s)=l(s)，则为关键活动。
     */
    System.out.println("------------ 关键路径上的关键活动 ");
    Stack key = new Stack();
    keyWay(key, e, l);
    // 下面打印出关键活动
    System.out.println(key);
  }
  private static void keyWay(Stack key, int[] e, int[] l) {
    for (int i = 0; i < e.length; i++) {
      if (e[i] == l[i]) {
        key.push(i + 1);
      }
    }
  }
  private static void activityLast(HeadNode[] hns, int[] l, int[] vl) {
    for (int i = 0; i < hns.length; i++) {
      for (ArcNode n = hns[i].firstArc; n != null; n = n.nextArc) {
        int k = n.adjvex - 1;
        int j = n.edge;
        l[j - 1] = vl[k] - n.data;
      }
    }
  }
  private static void activityEarly(HeadNode[] hns, int[] e, int[] ve) {
    for (int i = 0; i < hns.length; i++) {
      for (ArcNode n = hns[i].firstArc; n != null; n = n.nextArc) {
        int j = n.edge;
        e[j - 1] = ve[i];
      }
    }
  }
```

```
    }
    private static void lastHappen(HeadNode[] hns, int[] vl, Stack t) throws
    Exception {
        int i = (Integer) t.pop();
        while (!t.isEmpty()) {
            i = (Integer) t.pop();
            for (ArcNode n = hns[i].firstArc; n != null; n = n.nextArc) {
                int j = n.adjvex - 1;
                if (vl[i] > vl[j] - n.data) {
                    vl[i] = vl[j] - n.data;
                }
            }
        }
    }
    private static void toplogicalOrder(HeadNode[] hns, Stack s, int[] inDegree,
    Stack t, int[] ve) throws Exception {
        // 求每个结点的入度
        for (int i = 0; i < hns.length; i++) {
            for (ArcNode n = hns[i].firstArc; n != null; n = n.nextArc) {
                inDegree[n.adjvex - 1] ++;
            }
        }
        // 入度为 0 的顶点保存在栈中
        for (int i = 0; i < inDegree.length; i++) {
            if (inDegree[i] == 0) {
                s.push(i);
            }
        }
        int count = 0;
        while (!s.isEmpty()) {
            int i = (Integer) s.pop();
            t.push(i);
            count++;
            for (ArcNode n = hns[i].firstArc;n != null; n = n.nextArc) {
                int j = n.adjvex - 1;
                inDegree[j]--;
                if (inDegree[j] == 0) {
                    s.push(j);
                }
                if (ve[i] + n.data > ve[j]) {
                    ve[j] = ve[i] + n.data;
                }
            }
        }
        if (count < hns.length) {
            throw new MyException(" 有环! ");
        }
    }
}
```

运行结果如下。

```
0 ──────每个点的入度
0
0
0
0
0
0
0
0 ──────事件的最早发生时间
0
3
2
6
6
8
8 ──────事件的最晚发生时间
0
4
2
6
7
8
0 ──────活动的最早开始时间
0
3
3
2
2
6
6 ──────活动的最晚开始时间
1
0
4
4
2
5
6
7 ──────关键路径上的关键活动
2 5 7
```

6.4.7 总结提高

图形结构因其灵活多样的特点，在现实生活中占据了不可替代的位置。图的遍历、图的拓扑排序、最小生成树、关键路径等算法都是图形结构的典型应用。其实图的应用算法还有很多，需要有探索精神的人自己去发现、去学习。

能力拓展

1. 已知图的邻接矩阵如表 6.8 所示。

表 6.8　邻接矩阵

类目	V_1	V_2	V_3	V_4	V_5	V_6	V_7	V_8	V_9	V_{10}
V_1	0	1	1	1	0	0	0	0	0	0
V_2	0	0	0	1	1	0	0	0	0	0
V_3	0	0	0	1	0	1	0	0	0	0
V_4	0	0	0	0	0	1	1	0	1	0
V_5	0	0	0	0	0	0	1	0	0	0
V_6	0	0	0	0	0	0	0	1	1	0

续表

类目	V_1	V_2	V_3	V_4	V_5	V_6	V_7	V_8	V_9	V_{10}
V_7	0	0	0	0	0	0	0	0	1	0
V_8	0	0	0	0	0	0	0	0	0	1
V_9	0	0	0	0	0	0	0	0	0	1
V_{10}	0	0	0	0	0	0	0	0	0	0

当用邻接表作为图的存储结构，且邻接表都按序号从大到小排序时，试完成以下问题。

（1）以顶点 V_1 为出发点的深度优先遍历序列。

（2）以顶点 V_1 为出发点的广度优先遍历序列。

（3）该图的拓扑有序序列。

2. 已知世界六大城市为：北京（Pe）、纽约（N）、巴黎（Pa）、伦敦（L）、东京（T）、墨西哥（M），表 6.9 给定了这六大城市之间的交通里程，试完成以下问题。

表 6.9 世界六大城市交通里程表（单位：百公里）

类目	Pe	N	Pa	L	T	M
Pe		109	82	81	21	124
N	109		58	55	108	32
Pa	82	58		3	97	92
L	81	55	3		95	89
T	21	108	97	95		113
M	124	32	92	89	113	—

（1）画出这六大城市的交通网络图。

（2）画出该图的邻接表表示法。

（3）画出该图按权值递增的顺序来构造的最小（代价）生成树。

3. 表 6.10 给出了某工程各工序之间的优先关系和各工序所需时间，试完成以下问题。

（1）画出相应的 AOE 网。

（2）列出各事件的最早发生时间，最迟发生时间。

（3）找出关键路径并指明完成该工程所需的最短时间。

表 6.10 某工程工序图

工序代号	A	B	C	D	E	F	G	H	I	J	K	L	M	N
所需时间	15	10	50	8	15	40	300	15	120	60	15	30	20	40
先驱工作	—	—	A,B	B	C,D	B	E	G,I	E	I	F,I	H,J,K	L	G

4. 尝试用迪杰斯特拉算法实现社区超市选址。

5. 实现用克鲁斯卡尔算法构造最小生成树。

6. 求解图 6.19 所示的最小生成树。

7. 求解图 6.20 所示的最小生成树。

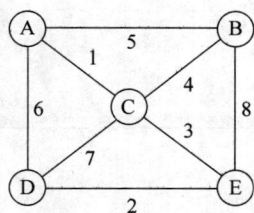

图 6.19 图（1）

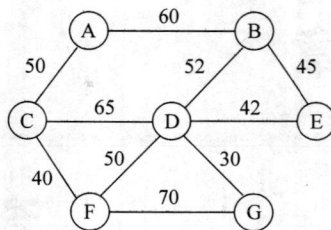

图 6.20 图（2）

8. 求解图 6.21 所示的最小生成树。

9. 写出图 6.22 所示的 2 个拓扑排序序列。

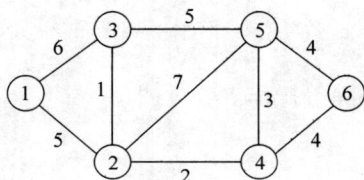

图 6.21 图（3）

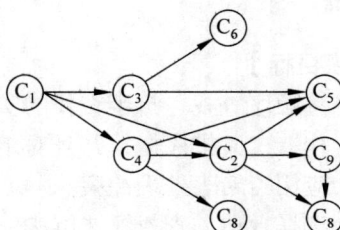

图 6.22 图（4）

第 7 章

查 找

学习目标

【知识目标】

1. 掌握顺序查找、折半查找的实现方法。
2. 会构造二叉排序树，并且对结点进行插入、删除等操作。
3. 会应用哈希表处理冲突。
4. 会选择合适的查找算法解决数据检索问题。

【能力目标】

1. 能够根据实际情况选择合适的查找算法来解决查找问题。
2. 能综合运用多种查找算法解决实际问题。

【素质目标】

1. 践行社会主义核心价值观，培养学生的诚信意识。
2. 培养学生团结协作、组织协调的能力。
3. 培养学生分析问题、解决问题的能力。

学习效果

知 识 内 容		掌 握 程 度	存 在 疑 问
1. 顺序查找	顺序查找的实现方法		
2. 折半查找	折半查找的实现方法		
3. 二叉排序树	二叉排序树的构造		
4. 哈希表	用哈希表处理冲突		

勤 学 篇

7.1 案 例 说 明

假设一个班级有 40 名同学，根据某一学期的成绩，将其划分为 5 档，即 90 分以上、80~90 分、70~80 分、60~70 分、60 分以下，且每个分数段的学生人数分别为 3 人、7 人、11 人、14 人、5 人，对于给定的某个分数，通过查找确定是否有同学得此分数并给出得此分数的学生数。

7.2　知 识 储 备

查找是数据处理中的一种常见操作，与人们的日常生活有着密切的关系，例如，人们从电话簿中查找需要的号码、在图书馆查找自己需要的书籍、浏览网页查找特定的内容、在购物网站查找所需商品等。利用计算机查找信息时，首先要把原始数据整理成数据表，数据表可以具有集合、线性表、树或者图等任意的逻辑结构，然后将数据表按照一定的存储结构存入计算机中，变成机器可以处理的"表"，最后再根据有关的查找算法在相应的"表"上查找出所需的信息。查找表是由同一类型的数据元素构成的集合。

什么是查找

在各种系统软件和应用软件中，查找表也是一种最常见的结构，如编译程序中的符号表，信息处理系统中的信息表均是查找表。查找表是一种非常灵便的数据结构。采用何种查找方法，首先取决于使用哪种数据结构来表示"表"，为了提高查找效率，我们常常用某些特殊的数据结构来组织表。因此，在研究各种查找方法时，首先必须弄清楚这些方法所需的数据结构，特别是存储结构。接下来介绍查找的几个基本概念。

1. 查找

所谓查找，就是在由一组记录组成的集合中寻找主关键字值等于给定值的某个记录，或是寻找属性值符合特定条件的某些记录。若表中存在这样的记录，则称查找成功，此时的查找结果应给出找到记录的全部信息或指示找到记录的存储位置；若表中不存在关键字等于给定值的记录，则称查找不成功，此时查找的结果可以给出一个空记录或空指针。若按主关键字查找，查找结果是唯一的；若按次关键字查找，结果可能不是唯一的。例如，在学生成绩表中查找学生的信息，可以按照学号进行查找，最多只能找到一条信息；也可以按照姓名进行查找，则可能找到很多条同名的记录。

2. 查找表

查找表是一种以同一类型的记录构成的集合为逻辑结构，以查找为核心运算的数据结构。由于"集合"中的数据元素之间存在着松散的关系，因此查找表是一种应用灵便的结构。

查找表分为静态查找表和动态查找表两种。静态查找表只对查找表进行如下两种操作：第一，在查找表中查看某个特定的数据元素是否在查找表中；第二，检索某个特定元素的各种属性。静态查找表在查找过程中查找表本身不发生变化。对静态查找表进行的查找操作称为静态查找。若在查找过程中可以将查找表中不存在的数据元素插入，或者从查找表中删除某个数据元素，则称这类查找表为动态查找表。动态查找表在查找过程中查找表可能会发生变化。对动态查找表进行的查找操作称为动态查找。

3. 关键字

关键字是数据元素中的某个数据项。唯一能标识数据元素（或记录）的关键字，即每个元素的关键字值互不相同，我们称这种关键字为主关键字；若查找表中某些元素的关键字值相同，称这种关键字为次关键字。例如，银行账户中的账号是主关键字，而姓名是次关键字。

4. 平均查找长度

查找过程的主要操作是关键字的比较，所以通常使用"平均查找长度"来衡量查找算法的时间效率。平均查找长度通常用 ASL（Average Search Length）来表示，其值等于查找过程中的给定值与关键字值的比较次数的期望值。对于一个包含 n 条记录的查找表，查找成功时的平均查找长度为

$$\mathrm{ASL} = \sum_{i=0}^{n-1} P_i C_i \tag{7.1}$$

其中，n 是记录个数；P_i 是查找第 i 条记录的概率，且 $\sum_{i=0}^{n-1} P_i = 1$，在每一个记录的查找概率相等的情况下，$P_i = 1/n$；C_i 是查找第 i 条记录时关键字值与给定值比较的次数。

7.2.1 顺序查找

1. 算法说明

顺序查找是一种最简单的查找方法。其基本思想是将查找表作为一个线性表，可以是顺序表，也可以是链表，依次用查找条件中给定的值与查找表中数据元素的关键字值进行比较，若某个记录的关键字值与给定值相等，则查找成功，返回该记录的存储位置；反之，若直到最后一个记录，其关键字值与给定值均不相等，则查找失败，返回查找失败标志。

顺序查找和折半查找

假设顺序查找的基本要求是：从顺序表 r[0] 到 r[n-1] 的 n 个数据元素中，顺序查找出关键字值为 key 的记录，若查找成功，则返回其下标；否则返回 –1。

那么，在等概率的情况下，顺序查找的平均查找长度为：$\mathrm{ASL} = \dfrac{n+1}{2}$。

顺序查找的优点是既适用于顺序表，又适用于单链表，同时这种查找方法对于表中的数据元素的排列次序没有任何要求，可为在表中插入新的数据元素提供方便。当然在数据元素的个数 n 值较大时，这种查找方法的效率是比较低的，改进方法有两种：一种是在已知各个数据元素的查找概率不等的情况下，将各个数据元素按照查找概率从小到大排序，从而降低查找的平均查找长度；另一种方法是在事先未知各个数据元素查找概率的情况下，在每次查找到一个数据元素时，将其与前驱的数据元素对调位置，这样，一段时间以后，查找频率高的数据元素就会被逐渐前移，最后形成数据元素的位置按照查找概率从大到小排列，从而减少平均查找长度。

2. 算法实现

具体代码如下。

```
// 不带监视哨的顺序查找算法
public int seqSearch(Comparable key){
    int i=0,n=length();
    while(i<n&&r[i].getKey().compareTo(key)!=0){
      i++;
```

```
    }
    if(i<n){                          //查找成功返回该数据元素的下标；否则返回-1
      return i;
    }
    else{
      return -1;
    }
}
//带监视哨的顺序查找算法
public int seqSearchWithGuard(Comparable key){
    int i=length()-1;
    r[0].setKey(key);                 // 哨兵
    while((r[i].getKey()).compareTo(key)!=0){
      i--;
    }
    if(i>0){                          //查找成功返回该数据元素的下标；否则返回-1
      return i;
    }
    else{
      return -1;
    }
}
```

7.2.2 折半查找

1. 算法说明

折半查找又叫二分查找，要求查找表用顺序存储结构来存放数据且各数据元素需按关键字有序（升序或降序）排列，也就是说折半查找只适用于对有序顺序表进行查找。

折半查找的基本思想是：先以整个查找表作为查找范围，用查找条件中给定的值 k 与中间位置结点的关键字进行比较，若相等，则查找成功，否则，要根据比较结果缩小查找范围。如果 k 的值小于关键字的值，则根据查找表的有序性可知查找的数据元素只可能在表的前半部分，即在左半部分子表中，所以继续对左子表进行折半查找；若 k 的值大于中间结点的关键字值，则可以判定查找的数据元素只可能在表的后半部分，即在右半部分子表中，所以应该继续对右子表进行折半查找。每进行一次折半查找，要么查找成功，结束查找，要么将查找范围缩小一半，如此重复，直到查找成功或查找范围缩小为空即查找失败为止。

折半查找算法的主要步骤如下。

（1）设置初始区间，low=1，high=length。

（2）当 low>high 时，返回 0，查找失败。

（3）当 low≤high 时，mid=(low+high)/2。

① 若 key<r[mid] 的关键字值，high=mid-1；转（2），查找在左半区进行。

② 若 key>r[mid] 的关键字值，low=mid+1；转（2），查找在右半区进行。

③ 若 key=r[mid] 的关键字值，返回数据元素在表中位置，查找成功。

例如，有序表按照关键码排列为：7，14，18，21，23，29，31，35，38，42，46，

49，52，在其中查找关键字 14 的过程如图 7.1 所示，查找关键字 22 的过程如图 7.2 所示。

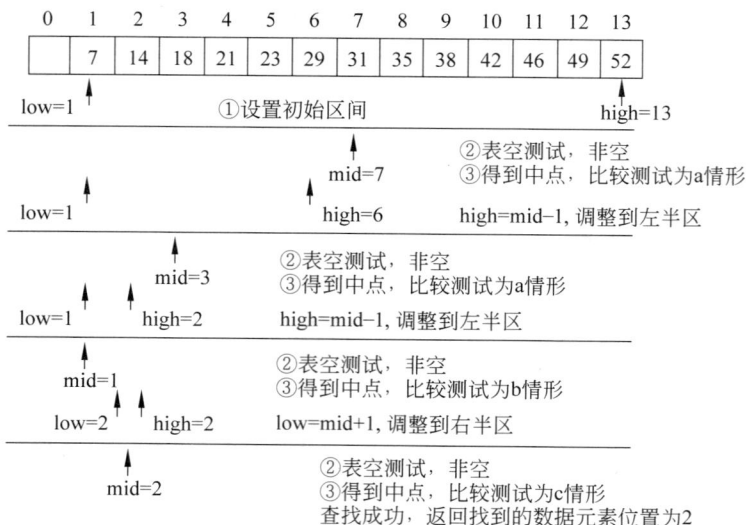

图 7.1　关键字 14 的查找过程示意图

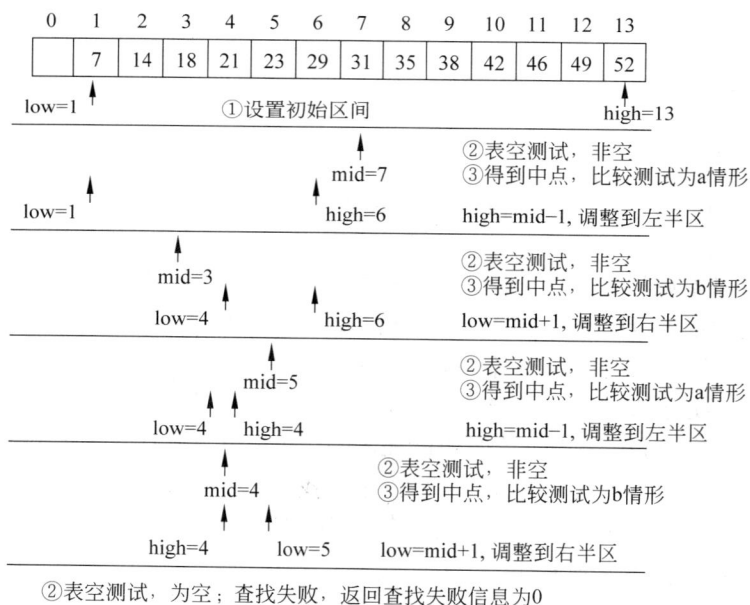

图 7.2　关键字 22 的查找过程示意图

在等概率的情况下，折半查找的平均查找长度为：$ASL \approx \log_2(n+1)-1$。

不管查找是否成功，折半查找都比顺序查找要快得多，但是它要求线性表必须按关键字排序，也就是说它仅仅适用于顺序存储结构，而对于动态查找表，或需进行插入、删除等运算的顺序存储结构都不适用。因此，折半查找一般只用于一经建立就很少需要改动而又经常需要查找的静态查找表。

　　将前面讲过的顺序查找与折半查找算法结合起来就形成了分块查找算法，又称为索引顺序查找。其基本思想是：首先把线性表分成若干块，在每一块中，结点的存放不一定有序，但块与块之间必须是有序的，假定按照结点的关键字值递增有序，则第一块中的关键字值都小于第二块中的任意结点的关键字值，第二块中结点的关键字值都小于第三块中任意结点的关键字值，依此类推，最后一块中所有结点的关键字值大于前面所有块中结点的关键字值。为了实现分块查找，还需要建立一个索引表，将每一块中最大的关键字值按照块的顺序存放在一个索引顺序表中，显然这个索引顺序表是按关键字值递增排列的。查找时，首先要通过索引表确定待查找记录可能所在的块，然后在所在块中查找待查找的记录。由于索引表是按照关键字有序排列的，所以确定块的查找可以采用顺序查找，也可以采用折半查找，又因为每一块中的记录是无序的，所以在块的内部只能采用顺序查找。

　　例如，图 7.3 所示是一个带索引的分块有序的线性表。其中线性表共有 14 个结点，被分成 3 块，第一块中的最大关键字值 31 小于第二块中的最小关键字值 35，第二块中的最大关键字值 62 小于第三块中的最小关键字值 71。

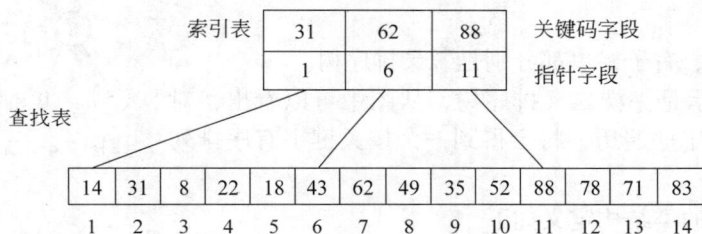

图 7.3　分块有序表的存储表示

2. 算法实现

具体代码如下。

```java
// 折半查找算法
public int binarySearch(Comparable key){
  if(length()){
    int low=1,high=length();                      // 查找范围的上界和下界
    while(low<=high){
      int mid=(low+high)/2;                        // 中间位置，当前比较的数据元素位置
      if(r[mid].getKey().compareTo(key)==0){
        return mid;                                // 查找成功
      }
      else if(r[mid].getKey().compareTo(key)>0){
        high=mid-1;                                // 查找范围缩小到左半区
      }
      else{
        low=mid+1;                                 // 查找范围缩小到右半区
      }
    }
  }
  return 0;                                        // 查找不成功
}
```

7.2.3　二叉排序树

1. 算法说明

在前面介绍的查找方法中，折半查找具有最高的查找效率，但是由于折半查找要求表中记录按照关键字有序排列，且不能使用链表作为存储结构，因此当表的插入、删除操作非常频繁时，为了维护表的有序性，需要大量移动元素，这样就会增加额外的时间开销，从而弱化了折半查找的优点。本节介绍的二叉排序树不仅具有二分查找的效率，又便于在查找表中进行记录的增加和删除操作。

1）二叉排序树的定义

二叉排序树或者是一棵空树，或者是具有如下特性的二叉树。

（1）若它的左子树不空，则左子树上所有结点的值均小于根结点的值。

（2）若它的右子树不空，则右子树上所有结点的值均大于根结点的值。

（3）它的左、右子树也都分别是二叉排序树。

如图 7.4 所示是一棵二叉排序树，从图中可以看出，对二叉排序树进行中序遍历，将会得到一个按关键字有序排列的记录序列。

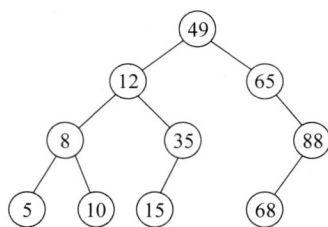

图 7.4　二叉排序树示意图

二叉排序树的类结构定义如下。

```
import ch5Tree.*;
public class BSTree {
  protected BiTreeNode root;
  public BSTree(){
    root=null;
  }
  public void inOrderTraverse(BiTreeNode p){      // 中序遍历二叉树
    if(p!=null){
      inOrderTraverse(p.getLchild());
      System.out.print(((RecordNode)p.getData()).toString()+"" );
        inOrderTraverse(p.getRchild());
    }
  }
  ...
}
```

2）二叉排序树的查找过程

从二叉排序树的结构定义可知，一棵非空二叉排序树中根结点的关键字值大于其左子树上所有结点的关键字值，而小于其右子树上所有结点的关键字值，所以在二叉排序树中查找一个关键字值为 key 的结点的基本思想是：用给定值 key 与根结点关键字值进行比较，如果 key 小于根结点的值，则要找的结点只可能在左子树中，所以继续在左子树中查找，否则将继续在右子树中查找，依此方法，查找下去，直至查找成功或查找失败为止。二叉排序树查找的过程描述如下。

（1）若二叉树为空树，则查找失败。

（2）将给定值 k 与根结点的关键字值进行比较，若相等，则查找成功。

（3）若根结点的关键字值小于给定值 k，则在左子树中继续搜索。

（4）否则，在右子树中继续查找。

以二叉链表作为二叉排序树的存储结构，假定当前二叉排序树的根结点为 root，待查找记录关键字为 key，则二叉排序树的查找算法描述如下。

```
// 查找关键字为 key 的结点，若查找成功，则返回结点值，否则返回 null
public Object searchBST(Comparable key){
  if(key==null||!(key instanceof Comparable)){
    return null;
  }
  return searchBST(root,key);
}
// 二叉排序树查找的递归算法
// 查找关键字为 key 的结点，若查找成功，则返回结点值，否则返回 null
private Object searchBST(BiTreeNode p,Comparable key){
  if(p!=null){
    if(key.compareTo(((RecordNode)p.getData()).getKey())==0){    // 查找成功
      return p.getData();
    }
    if(key.compareTo(((RecordNode)p.getData()).getKey())<0){
      return searchBST(p.getLchild(),key);                      // 在左子树中查找
    }
    else{
      return searchBST(p.getRchild(),key);                      // 在右子树中查找
    }
  }
  return null;
}
```

3）二叉排序树的插入操作

在二叉排序树中插入新结点的过程是：假设待插入结点的关键字值为 key，在二叉排序树中查找 key，若查找成功，则说明结点已经存在，不需要插入；否则，将新结点插入表中。因此，新插入的结点一定是作为叶子结点添加到表中的。

这个过程也可以用递归来实现，即若二叉排序树为空，则新结点作为二叉排序树的根结点进行插入；若给定结点的关键字值小于根结点关键字值，则插入在左子树上；若给定结点的关键字值大于根结点的值，则插入在右子树上。

二叉排序树的插入算法实现如下。

```
// 在二叉排序树中插入关键字值为 key，数据元素为 theElement 的新结点
// 若插入成功，则返回 true，否则返回 false
public boolean insertBST(Comparable key,Object theElement){
  if(key==null||!(key instanceof Comparable)){
    // 不能插入空对象或者不可比较大小的对象
    return false;
  }
  if(root==null){
```

```
        root=new BiTreeNode(new RecordNode(key,theElement));   // 建立根结点
        return true;
    }
    return insertBST(key,theElement);
}
// 将关键字值为 key，数据元素为 theElement 的结点插入二叉排序树中的递归算法
private boolean insertBST(BiTreeNode p,Comparable key,Object theElement){
    if(key.compareTo(((RecordNode)p.getData()).getKey())==0){
        return false;                                  // 不插入关键字值重复的结点
    }
    if(key.compareTo(((RecordNode)p.getData()).getKey())<0){
        if(p.getLchild()==null){                       // 若 p 的左子树为空
            p.setLchild(new BiTreeNode(new RecordNode(key,theElement)));
            return true;                               // 建立叶子结点为 p 的左孩子
        }
        else{                                          // 若左子树非空
            return insertBST(p.getLchild(),key,theElement);   // 插入 p 的左子树中
        }
    }
    else if(p.getRchild()==null){                      // 若 p 的右子树为空
        p.setRchild(new BiTreeNode(new RecordNode(key,theElement)));
        return true;                                   // 建立叶子结点为 p 的右孩子
    }
    else{                                              // 若 p 的右子树非空
        return insertBST(p.getRchild(),key,theElement);    // 插入 p 的右子树中
    }
}
```

利用二叉排序树的插入算法，可以很容易地实现创建二叉排序树的操作，其基本思想为：由一棵空二叉树开始，经过一系列的查找插入操作生成一棵二叉排序树。

例如，记录的关键字序列为：63，90，70，55，67，42，98，83，10，45，58，构造一棵二叉排序树的过程如图 7.5 所示。

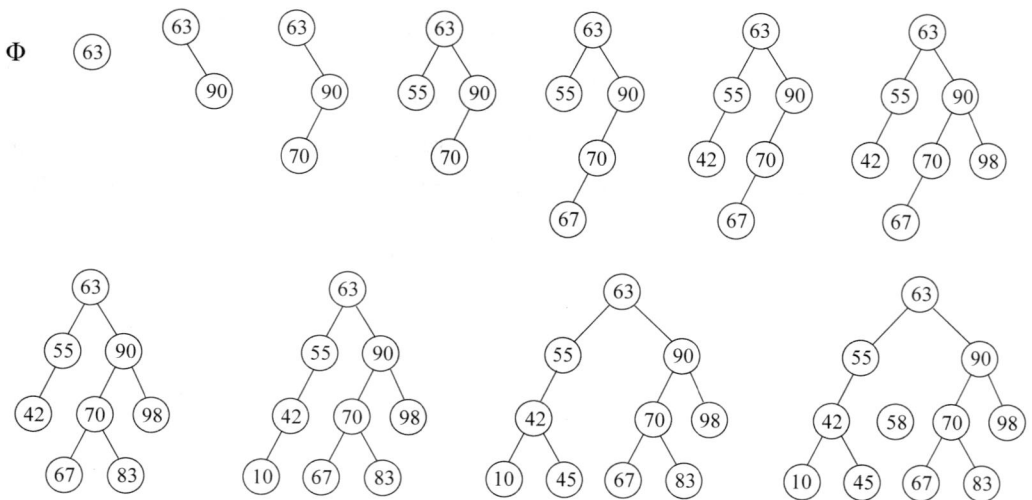

图 7.5　二叉排序树的构造过程

4）二叉排序树的删除操作

在二叉排序树上删除结点时要保持二叉排序树原有的性质，也就是说要保证其删除之后仍然是一棵二叉排序树。根据二叉排序树的结构特点，删除操作可以从以下四个方面来考虑。

（1）待删除结点是叶子结点，可以直接删除。若该结点同时也是根结点，则删除后二叉排序树变成空树，如图 7.6（a）所示。

（2）待删除结点只有左子树，但无右子树，可用其左子树的根结点取代要删除结点的位置。也就是说，如果被删除的结点为其双亲的左孩子，则将被删除结点的唯一左孩子变为其双亲结点的左孩子；否则变为其双亲结点的右孩子，如图 7.6（b）所示。

（3）待删除结点只有右子树，但无左子树，与情况（2）类似，可用其右子树的根结点取代要删除结点的位置。也就是说，如果被删除的结点为其双亲的左孩子，则将被删除结点唯一的右孩子变成其双亲结点的左孩子；否则变为其双亲结点的右孩子，如图 7.6（c）所示。

（4）若要删除结点的左右子树均非空，则使用被删除结点在中序遍历序列中的前驱结点代替被删除结点，同时删除其中序遍历序列中的前驱结点。由于被删除结点在中序遍历序列下的前驱无右子树，被删除结点在中序遍历序列下的后继无左子树，因此，问题转换为情况（2）或者（3），如图 7.6（d）所示。

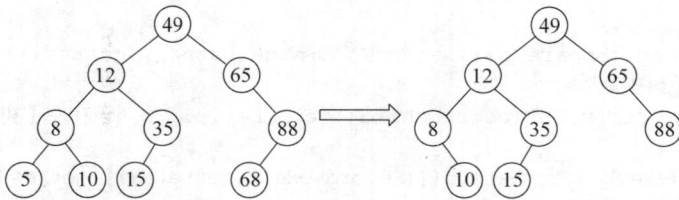

(a) 在二叉排序树中删除叶子结点5和68

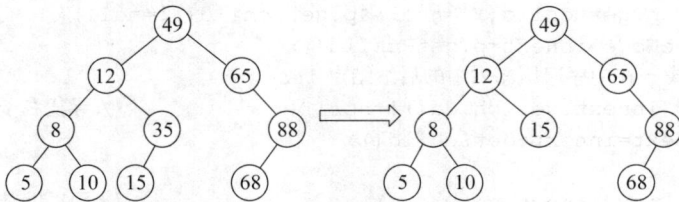

(b) 在二叉排序树中删除只有左子树的结点35

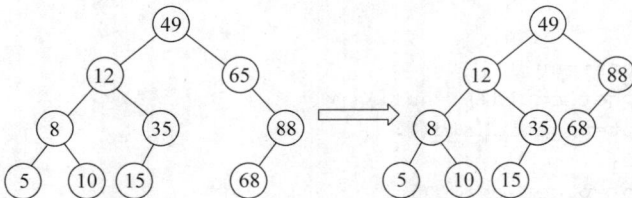

(c) 在二叉排序树中删除只有右子树的结点65

图 7.6　二叉排序树中结点的删除过程

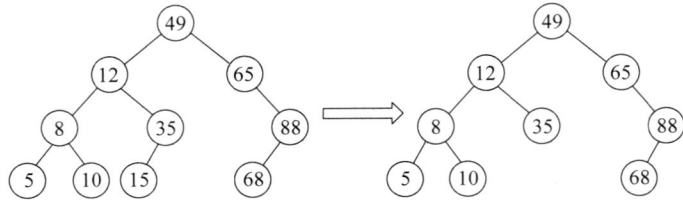

(d) 在二叉排序树中删除左右子树都非空的结点12

图　7.6（续）

二叉排序树的删除算法实现如下。

```
// 二叉排序树中删除一个结点的算法，若删除成功，返回被删除的结点值，否则返回 null
public Object removeBST(Comparable key){
  if(root==null||key==null||!(key instanceof Comparable)){
    return null;
  }
  // 在以 root 为根的二叉排序树中删除关键字值为 elemKey 的结点
    return removeBST(root,key,null);
}
// 在以 p 为根的二叉排序树中删除关键字为 elemKey 的结点，parent 是 p 的父结点，采用递归算法
private Object removeBST(BiTreeNode p,Comparable elemKey,BiTreeNode parent){
  if(p!=null){
    if(elemKey.compareTo(((RecordNode)p.getData()).getKey()<0){
    // 在左子树中删除
      return removeBST(p.getLchild(),elemKey,p);      // 在左子树中递归搜索
    }
    else if(elemKey.compareTo(((RecordNode)p.getData()).getKey()>0){
    // 在右子树中删除
      return removeBST(p.getRchild(),elemKey,p);    // 在右子树中搜索
    }
    else if(p.getLchild()!=null&&p.getRchild()!=null){
      BiTreeNode innext=p.getRchild();
      // 寻找 p 在中序遍历序列中的后继结点 innext
      while(innext.getLchild()!=null){               // 寻找右子树中的最左孩子
        innext=innext.getLchild();
      }
      p.setData(innext.getData());                   // 用后继结点替换 p
      return removeBST(p.getLchild(),((RecordNode)p.getData()).getKey(),p);
      // 递归删除结点 p
    }
    else{
      if(parent==null){
        if(p.getLchild()!=null){
          root=p.getLchild();
        }else{
          root=p.getRchild();
        }
        return p.getData();                          // 返回被删除结点 p
```

```
    }
    if(p==parent.getLchild()){              //p 是 parent 的左孩子
      if(p.getLchild()!=null){
        parent.setLchild(p.getLchild());    // 以左子树填补
      }
      else{
        parent.setLchild(p.getRchild());
      }
    }
    else if(p.getLchild()!=null){           //p 是 parent 的右孩子且左子树非空
      parent.setRchild(p.getLchild());
    }
    else{
      parent.setRchild(p.getRchild());
    }
    return p.getData();
    }
  }
  return null;
}
```

2. 算法实现

给定一个关键字序列为 50，13，63，8，36，90，5，10，18，70，并且这些关键字分别对应如下姓氏：Zhang，Wang，Li，Zhao，Qian，Sun，Zhou，Wu，Zheng，Yu。使用这些关键字建立一棵二叉排序树，以中序遍历方式显示该二叉排序树，查找关键字值分别为 63 和 18 的结点并显示结果，删除关键字值为 13 的结点。

实现代码如下。

```
import ch7search.RecordNode;
import ch7search.KeyType;
import ch7search.ElemType;
public class BSTTest {
  public static void main(String[] args) {
    BSTree bstree=new BSTree();
    int[]k={50,13,63,8,36,90,5,10,18,70};
    String[]item={"zhang","wang","li","zhao","qian","sun","zhou","wu","zheng",
    "yu"};
    KeyType[]key=new KeyType[k.length];
    ElemType[]elem=new ElemType[k.length];
    System.out.println(" 原来的序列是: ");
    for(int i=0;i<k.length;i++){
      key[i]=new KeyType(k[i]);
      elem[i]=new ElemType(item[i]);
      if(bstree.insertBST(key[i],elem[i])){
        System.out.print("["+key[i]+","+elem[i]+"]");
      }
    }
    System.out.println("\n 中序遍历二叉排序树:");
```

```
bstree.inOrderTraverse(bstree.root);
System.out.println();
KeyType keyvalue=new KeyType();
keyvalue.setKey(63);
RecordNode found=(RecordNode)bstree.searchBST(keyvalue);
if(found!=null){
    System.out.println("查找关键字值:"+keyvalue+"成功!对应的姓氏为:"+found.
    getElement());
}
else{
    System.out.println("查找关键字值:"+keyvalue+"失败!");
}
keyvalue.setKey(18);
found=(RecordNode)bstree.searchBST(keyvalue);
if(found!=null){
    System.out.println("查找关键字值:"+keyvalue+"成功!对应的姓氏为:"+found.
    getElement());
}
else{
    System.out.println("查找关键字值:"+keyvalue+"失败!");
}
keyvalue.setKey(13);
found=(RecordNode)bstree.removeBST(keyvalue);
if(found!=null){
    System.out.println("删除关键字值:"+keyvalue+"成功!对应的姓氏为:"+found.
    getElement());
}
else{
    System.out.println("删除关键字值:"+keyvalue+"失败!");
}
System.out.println("\n删除关键字值:"+keyvalue+"后的中序遍历序列为:");
bstree.inOrderTraverse(bstree.root);
System.out.println("");
    }
}
```

7.2.4　哈希表

1. 算法说明

1）什么是哈希表

前面介绍的静态查找表和动态查找表的特点是：为了从查找表中找到关键字值等于某个值的记录，都要经过一系列的关键字比较，以确定待查找记录的存储位置，查找所需时间总是与比较次数有关。

如果将记录的存储位置与它的关键字之间建立一个确定的关系 H，使每个关键字和一个唯一的存储位置对应，那么，在查找时只需要根据对应关系计算出给定的关键字值 k 对应的值 H(k)，就可以得到记录的存储位置，这就是本节将要介绍的哈希表查找方法的基本思想。

哈希表

（1）哈希函数。我们将记录的关键字值与记录的存储位置对应起来的关系 H 称为哈希函数，H(k) 的结果称为哈希地址。

（2）哈希表。根据哈希函数建立的表，其基本思想是：以记录的关键字值为自变量，根据哈希函数，计算出对应的哈希地址，并在此存储该记录的内容。当对记录进行查找时，可根据给定的关键字值，用同一个哈希函数计算出给定关键字值对应的存储地址，随后再进行访问。所以哈希表既是一种存储形式，又是一种查找方法，通常将这种查找方法称为哈希查找。

（3）冲突。有时可能会出现不同的关键字值其哈希函数计算的哈希地址相同的情况，然而同一个存储位置不可能存储两个记录，我们将这种情况称为冲突，具有相同函数值的关键字值称为同义词。在实际应用中冲突是不可能完全避免的，人们通过实践总结出了多种减少冲突及解决冲突的方法，下面我们简要地介绍一下。

假设有个关键字集合：{23，75，40，58，64}，使用哈希法存储该集合，选取 H(k)=K%m。其中 K 表示关键字的值，m 表示哈希表的长度，此处指定为 10。因此可以得到每个数据元素的哈希地址为：

$$H(23)=23\%10=3 \qquad H(75)=75\%10=5 \qquad H(40)=40\%10=0$$
$$H(58)=58\%10=8 \qquad H(64)=64\%10=4$$

此哈希表的存储情况如图 7.7 所示。

地址	0	1	2	3	4	5	6	7	8	9
关键字	40			23	64	75			58	

图 7.7　哈希表存储示意图

如果在上述哈希表中要插入关键字 15，由于 H(15)=15%10=5，与 H(75) 冲突，因此需要寻求处理冲突的方法。实际上，冲突是不可能完全避免的，就像操作系统中的死锁一样，只能尽可能减少。因此哈希查找方法需要解决以下两个问题。

（1）构造合理的哈希函数。要求函数尽量简单以达到提高转换速度的目的。此外，要尽可能使计算出来的哈希地址分布均匀，以减少存储空间的浪费。

（2）制定解决冲突的办法，尽可能减少冲突出现的次数。

2）哈希函数的构造方法

建立哈希表，关键是构造哈希函数。其总体原则是：尽可能地使任意一组关键字的哈希地址均匀地分布在整个地址空间中，即用任意关键字作为哈希函数的自变量使其计算结果随机分布，以减少冲突发生的可能性。

常用的哈希函数的构造方法如下。

（1）直接定址法。取关键字或关键字的某个线性函数为哈希地址，即：

$$H(key)=key \quad 或 \quad H(key)=a\times key+b \tag{7.2}$$

其中，a、b 为常数，调整 a 与 b 的值可以使哈希地址取值范围与存储空间范围一致。

（2）除留余数法。取关键字被某个不大于哈希表表长 n 的质数 m 整除后所得余数作为哈希地址，即：

$$H(key)=key \% m \quad (m<n，设 n 为哈希表的长度) \tag{7.3}$$

除留余数法计算简单，适用范围大，但是整数 m 的选择很重要，如果选择不当，会产生较多同义词，使哈希表中有较多的冲突。

（3）平方取中法。取关键字平方后的中间几位为哈希地址，具体取多少位要根据实际情况来确定。由于平方后的中间几位数与原关键字的每一位数字都相关，因此只要原关键字的分布是随机的，求平方后的中间几位数一定也是随机分布的，这样得到的哈希地址有较好的分散性。

（4）折叠法。把关键字从左向右或者从右向左折叠成位数相同的几部分，然后取这几部分的叠加求和作为哈希地址。当关键字位数较多，且每一位上数字的分布基本均匀时，采用折叠法，得到的哈希地址比较均匀。

在选取哈希函数时，通常应该考虑的因素有：计算哈希地址的时间、哈希表的大小、关键字的分布情况、关键字的长度、记录的查找频率等。

3）处理冲突的方法

常用的处理冲突的方法如下。

（1）开放定址法。当发生冲突时，在冲突位置的前后附近寻找可以存放记录的空闲单元。用此法解决冲突，会产生一个探测序列，沿着这个序列去寻找可以存放记录的空闲单元。最简单的探测序列产生的方法是进行线性探测，即当发生冲突时，从发生冲突的存储位置的下一个存储单元开始依次顺序探测空闲地址。

（2）链地址法。将所有关键字是同义词的记录链接成一个线性链表，将其链头链接在由哈希函数确定的哈希地址所指示的存储单元中。

（3）再哈希法。当发生冲突时，用另一个哈希函数再计算另一个哈希地址，如果再发生冲突，再使用另一个哈希函数，直到不发生冲突为止。这种方法要求预先设置一个哈希函数的序列。

（4）溢出区法。除基本的存储区外（称为基本表），另外建立一个公共溢出区（称为溢出表）。当不发生冲突时，数据元素可以存放到基本表中；当发生冲突时，不论哈希地址是多少，都将记录存入这个公共溢出区。

4）哈希表查找及其分析

哈希表的查找过程与哈希表的构造过程基本一致，即对于给定的关键字值 k，按照建表时设定的哈希函数求得哈希地址。若哈希地址所指位置已有记录，并且其关键字值不等于给定值 k，则根据建表时设定的冲突处理方法求得同义词的下一地址，直到求得的哈希地址所指位置为空闲或其中记录的关键字值等于给定值 k 为止。如果求得的哈希地址对应的内存空间为空闲，则查找失败；如果求得的哈希地址对应的内存空间中的记录关键字值等于给定值 k，则查找成功。

上述查找过程可以描述如下。

（1）计算出给定关键字值对应的哈希地址 addr=H(k)。

（2）while((addr 中不空)&&(addr 中关键字值 !=k))，按照冲突处理方法计算出下一个地址 addr。

（3）如果 (addr 为空)，则查找失败，返回失败信息。

（4）否则查找成功，并返回地址 addr。

哈希表查找成功时的平均查找长度是指查找到哈希表中已有表项的平均探测次数，它是找到表中各个已有表项的探测次数的平均值；查找不成功时的平均查找长度是指在哈希表中查找不到待查找的表项，但找到插入位置的平均探测次数，它是哈希表中所有可能散列的位置上要插入新的数据元素时，找到的空位置探测次数的平均值。

从哈希表的查找过程可以看出，虽然哈希表是在关键字和存储位置之间直接建立了映像，然而由于冲突的产生，哈希表的查找过程仍然是一个和关键字比较的过程。因此仍然需要用平均查找长度来衡量哈希表的查找效率。在查找过程中，关键字的比较次数取决于构造哈希表时选择的哈希函数和处理冲突的方法。哈希函数的好坏首先影响出现冲突的频率，假设哈希函数是均匀的，那么同样一组随机的关键字出现冲突的可能性是相同的。因此，哈希表的查找效率主要取决于构造哈希表时所选择的处理冲突的方法。在处理冲突方法相同的哈希表中，其平均查找时间，还依赖于哈希表的装填因子。哈希表的装填因子如下。

$$\alpha = \frac{哈希表中的记录数}{哈希表的长度} \tag{7.4}$$

其中，α 是哈希表装满程度的标志因子。装填因子越小，表中填入的记录就越少，发生冲突的可能性就会越小；反之，表中已填入的记录越多，再填充记录时，发生冲突的可能性就越大，则查找时进行关键字的比较次数就越多。α 通常取值为小于 1 且大于 1/2 的适当小的数。

2. 算法实现

具体代码如下。

```java
import ch2.Node;
import ch2.LinkList;
public class HashTable<E>                    // 采用链地址法的哈希表类
{
  private LinkList[] table;                  // 哈希表的对象数组
  public HashTable(int size)                 // 构造指定大小的哈希表
  {
    this.table = new LinkList[size];
    for (int i = 0; i < table.length; i++) {
      table[i] = new LinkList();             // 构造空单链表
    }
  }
  public int hash(int key)                   // 除留余数法哈希函数，除数是哈希表长度
  {
    return key % table.length;
  }
  public void insert(E element) throws Exception { // 在哈希表中插入指定元素
    int key = element.hashCode();            // 每个对象的 hashCode() 方法返回整数值
    int i = hash(key);                       // 计算哈希地址
    table[i].insert(0, element);
  }
  public void printHashTable()               // 输出哈希表中各单链表的元素
  {
    for (int i = 0; i < table.length; i++) {
      System.out.print("table[" + i + "]= ");        // 遍历单链表并输出元素值
```

```
        table[i].display();
      }
    }
  public Node search(E element) throws Exception {     // 在哈希表中查找指定对
象，若查找成功返回结点，否则返回 null
    int key = element.hashCode();
    int i = hash(key);
    int index = table[i].indexOf(element);            // 返回元素在单链表中的位置
    if (index >= 0) {
      return (Node) table[i].get(index);              // 返回在单链表中找到的结点
    } else {
      return null;
    }
  }
  public boolean contain(E element) throws Exception {  // 以查找结果判断哈
希表是否包含指定对象，若包含返回 true，否则返回 false
    return this.search(element) != null;
  }
  public boolean remove(E element) throws Exception {     // 删除指定对象，若
删除成功返回 true，否则返回 false
    int key = element.hashCode();
    int i = hash(key);
    int index = table[i].indexOf(element);
    if (index >= 0) {
      table[i].remove(index);                          // 在单链表中删除对象
      return true;
    } else {
      return false;
    }
  }
}
// 哈希表的插入删除操作测试
public class HashTest {
  public static void main(String[] args) throws Exception {
    String[] name = {"Wang", "Li", "Zhang", "Liu", "Chen", "Yang",
    "Huang", "Zhao", "Wu", "Zhou", "Du"};                  // 数据元素
    HashTable<String> ht = new HashTable<String>(7);
    String elem1, elem2;
    System.out.print("插入元素：");
    for (int i = 0; i < name.length; i++) {
      ht.insert(name[i]);                                // 哈希表中插入对象
      System.out.print(name[i] + " ");
    }
    System.out.println("\n 原哈希表：");
    ht.printHashTable();
    elem1 = name[2];
    System.out.println("查找 " + elem1 + ", " + (ht.contain(elem1) ? "" :
    "不") + "成功");
```

```
elem2 = "san";
System.out.println("查找 " + elem2 + ", " + (ht.contain(elem2) ? "" :
"不") + "成功");
System.out.println("删除 " + elem1 + ", " + (ht.remove(elem1) ? "" :
"不") + "成功");
System.out.println("删除 " + elem2 + ", " + (ht.remove(elem2) ? "" :
"不") + "成功");
System.out.println(" 新哈希表:");
ht.printHashTable();
}
}
```

7.3 巩 固 基 础

巩固基础

1. 顺序查找法适合于存储结构为（   ）的线性表。

    A. 散列存储   B. 顺序存储或链式存储

    C. 压缩存储   D. 索引存储

2. 若查找每个记录的概率均等，则在具有 n 个记录的连续顺序文件中采用顺序查找法查找一个记录，查找成功时其平均查找长度 ASL 为（   ）。

    A. $(n–1)/2$ B. $n/2$ C. $(n+1)/2$ D. n

3. 采用顺序查找方法查找长度为 n 的线性表时，不成功情况下平均比较次数为（   ）。

    A. n B. $n/2$ C. $(n+1)/2$ D. $(n–1)/2$

4. 适用于折半查找的表的存储方式及元素排列要求为（   ）。

    A. 链接方式存储，元素无序   B. 链接方式存储，元素有序

    C. 顺序方式存储，元素无序   D. 顺序方式存储，元素有序

5. 由 n 个元素组成的有序表通过折半查找产生的判定树的高度是（   ）。

    A. $\log_2 n$ B. $[\log_2(n+1)]$ C. $\log_2 n$ D. $[\log_2(n+1)]$

6. 当在一个有序的顺序存储表上查找一个数据时，既可用折半查找，也可用顺序查找，但前者比后者的查找速度（   ）。

    A. 必定快

    B. 不一定

    C. 在大部分情况下要快   D. 取决于表递增还是递减

7. 有一个长度为 12 的有序表 R[0…11]，按折半查找法对该表进行查找，在表内各元素等概率情况下查找成功所需的平均比较次数为（   ）。

    A. 35/12   B. 37/12   C. 39/12   D. 43/12

8. 有一个有序表为 {1，3，9，12，32，41，45，62，75，77，82，95，99}，当采用折半查找法查找关键字为 82 的元素时，（   ）次比较后查找成功。

    A. 1   B. 2   C. 4   D. 8

9. 在含有 27 个结点的二叉排序树上，查找关键字为 35 的结点，则依次比较的关键字有可能是（   ）。

    A. 28，36，18，46，35   B. 18，36，28，46，35

    C. 46，28，18，36，35   D. 46，36，18，28，35

10. 一棵二叉排序树是由关键字集合 {18，43，27，44，36，39} 构建的，其中序遍历序列是 (　　)。

    A. 树形未定，无法确定　　　　　　B. 18，43，27，77，44，36，39

    C. 18，27，36，39，43，44，77　　D. 77，44，43，39，36，27，18

11. 当采用分块查找时，数据的组织方式为 (　　)。

    A. 数据分成若干块，每块内数据有序

    B. 数据分成若干块，每块内数据不必有序，但块间必须有序，每块内最大（或最小）的数据组成索引块

    C. 数据分成若干块，每块内数据有序，每块内最大（或最小）的数据组成索引块

    D. 数据分成若干块，每块（除最后一块外）中数据个数需相同

12. 散列表的平均查找长度 (　　)。

    A. 与处理冲突方法有关而与表的长度无关

    B. 与处理冲突方法无关而与表的长度有关

    C. 与处理冲突方法有关且与表的长度有关

    D. 与处理冲突方法无关且与表的长度无关

13. 以下查找方法中，查找效率与记录个数 n 无直接关系的是 (　　)。

    A. 顺序查找　　　　B. 折半查找　　　　C. 哈希查找　　　　D. 二叉排序树查找

14. 在哈希查找过程中，可用 (　　) 来处理冲突。

    A. 除留余数法　　　B. 数字分析法　　　C. 线性探测法　　　D. 关键字比较法

-------------------------------- 善　询　篇 --------------------------------

7.4　头脑风暴

    互联网搜索在现代社会中扮演着非常重要的角色，它不仅能够帮助人们快速找到所需信息，还能够影响人们的决策和行为。通过学习各类查找算法，你能分析生活中的各类应用里的搜索是采用的哪种算法吗？这些搜索有哪些是有待提高和改善的？将心得记录到表 7.1 中，以防遗忘，也可分享出去，以获得更强的思维碰撞。学习中遇到的疑惑也可一并记录，问题是成长的阶梯，解决问题的过程就是思维进步的过程。

表 7.1　查找算法的应用

我的想法	集思广益

■ 笃 行 篇 ■

7.5　案 例 分 析

　　实现方法：将所有的学生成绩按照每个分数段分成若干个组，在这些组之间建立相应的索引表，并且该索引表应该是有序的。查找时先确定某同学的成绩在哪个组内，再在组内实现查找。总体查找方案与分块查找算法类似。

　　实现步骤如下。

　　（1）利用数组存储学生成绩。

　　（2）根据条件对学生成绩分段查找。

7.6　案 例 实 现

　　具体代码如下。

```java
// 学生成绩分段查找
public class FindScore{
  int count=0;
  int[][] score = new int[5][];
  public FindScore(){
    score[0] = new int[]{98,90,95};
    score[1] = new int[]{87,82,88,89,85,84,80};
    score[2] = new int[]{76,75,74,72,73,71,79,77,70,75,70};
    score[3] = new int[]{61,63,67,68,69,60,65,65,64,63,62,68,69,64};
    score[4] = new int[]{45,34,23,34,54};
  }
  private int findScore(int s){
    int g = getGroup(s);
    int[] sc = score[g];
    int count = 0;
    for(int i = 0; i < sc.length; i ++){
      if(sc[i] == s){
        count ++;
      }
    }
    return count;
  }
  int getGroup(int x){
    int low, high, mid, flag=0;
    low = 0;
    high = 4;
    x = 9 - x / 10;                          // 变换 x 便于查找分组
    if(x < 0) x = 0;
    if(x > 4) x = 4;
    while(low<=high){                        // 查找 x 所在分组
```

```
        mid = (low+high) / 2;
        if(x < mid)
          high = mid - 1;
        else if(x > mid)
          low = mid + 1;
        else{
          flag = mid;
          break;
        }
    }
    return flag;                              // 返回 x 所在分组的索引
}
public static void main(String[] args) {
    FindScore   fs=new FindScore();
    int i = fs.findScore(68);                 // 查找分数为 68 的学生人数
    if( i > 0)
      System.out.println(" 共有 "+i+" 个学生得此分数！ ");
    else
      System.out.println(" 没有学生的此分数！ ");
    }
}
```

7.7　总 结 提 高

　　衡量一个算法好坏的量度主要有时间复杂度（衡量算法执行的时间量级）和空间复杂度（衡量算法的数据结构所占存储以及大量的附加存储）。对于查找算法来说，通常只需要一个或几个辅助空间，因为查找算法中的基础操作是"将记录的关键字和给定值进行比较"，因此，通常以"其关键字和给定值进行过比较的记录个数的平均数"作为衡量查找算法好坏的依据。从理论上来说，使用哈希表法进行查找是最快的，在数据量大的时候，顺序查找的效率最为低下。然而，不管是二叉排序树查找还是哈希表查找，都需要一些额外存储空间，并且在查找之前要对查找关键字进行存储。二叉树排序查找因为数据不同查找出的结果差异很大，而二分查找要求必须对关键字数组进行事先排序处理。每一种查找算法都有自己的优缺点，所以在实际使用时，应该根据实际数据的具体情况来选择合适的查找算法。可以尝试设计程序，通过生成固定数量的随机数，应用各种查找方法对同一关键字进行查找，比较查找完成的时间和比较的次数来对各种查找算法的优劣进行简单分析。

能力拓展

　　1. 对于 A[0..10] 有序表，采用折半查找法时，求成功和不成功时的平均查找长度。对于有序表 {12，18，24，35，47，50，62，83，90，115，134}，当用折半查找法查找 90 时，需进行多少次查找可确定成功；查找 47 时需进行多少次查找可确定成功；查找 100 时，需进行多少次查找才能确定不成功?

2. 将整数序列 {4, 5, 7, 2, 1, 3, 6} 中的数依次插入一棵空的二叉排序树中, 试构造相应的二叉排序树, 要求用图形给出构造过程, 不需编写程序。

3. 已知哈希函数 H(key)=2×key MOD 11, 用线性探测法处理冲突。试在 0~10 的哈希地址空间中对关键字序列 {6, 8, 10, 17, 20, 23, 53, 41, 54, 57} 构造哈希表, 并求等概率情况下查找成功时的平均查找长度。

4. 已知一组记录的关键字为 {18, 2, 10, 6, 78, 56, 45, 50, 110, 8}, 设装填因子 α=0.77, 哈希函数 H(key)=key MOD 11, 用线性探测法解决冲突。试构造哈希表, 并求出在等概率情况下查找成功和查找不成功的平均查找长度。

5. 设计程序, 通过生成固定数量的随机数, 使用各种查找方法对同一关键字进行查找, 输出查找完成的时间和查找过程比较的次数, 从而对各种查找算法进行简单分析。

第 8 章

排　序

学习目标

【知识目标】

1. 掌握直接插入排序的算法。
2. 掌握简单选择排序的算法。
3. 掌握冒泡排序的算法。
4. 掌握快速排序的算法。
5. 掌握归并排序的算法。

【能力目标】

1. 能够根据实际情况选择合适的排序算法来解决查找问题。
2. 能综合运用多种排序算法解决实际问题。

【素质目标】

1. 践行社会主义核心价值观，培养学生遵守公平正义的准则。
2. 培养学生脚踏实地、循序渐进的学习能力。
3. 提高学生分析问题、解决问题的能力。

学习效果

知 识 内 容		掌 握 程 度	存 在 疑 问
1. 直接插入排序	直接插入排序算法		
2. 简单选择排序	简单选择排序算法		
3. 冒泡排序	冒泡排序算法		
4. 快速排序	快速排序算法		
5. 归并排序	归并排序算法		

勤　学　篇

8.1　案　例　说　明

　　学生成绩的信息存放在一个记录文件中，每条记录包含学号、姓名、成绩三个数据项。请从键盘上输入学生的学号、姓名、成绩数据，将学生信息按成绩从小到大进行排序并输出。

8.2　知 识 储 备

在日常生活中，我们经常需要对所收集到的各种数据进行处理，其中排序是数据处理中一种非常重要的操作。如果数据能够根据某种规则排序，就能大大提高数据处理的算法效率。例如，在一本电话黄页中，如果名称或号码不按一定的规律排序，那么要查找一个名称或号码几乎是不可能的。由此可见，排序的方便性是毋庸置疑的，而且它对计算机科学也十分有用。当处理无序的数据时，更容易、更快，但也是极其低效的。通常在处理数据之前要先对其进行排序。

1. 排序的定义

排序是计算机内经常进行的一种操作，是将一组"无序"的记录序列调整为"有序"的记录序列的一种操作。其严格定义如下：一般情况下，假设含 n 个记录的序列为 $\{R_0, R_1, \cdots, R_{n-1}\}$，其相应的关键字序列为 $\{K_0, K_1, \cdots, K_{n-1}\}$，这些关键字相互之间可以进行比较，且在它们之间存在着这样一个关系：$K_{p1} \leqslant K_{p2} \leqslant \cdots \leqslant K_{pn}$，则按此固有关系将上式记录序列重新排列为 $\{R_{p1}, R_{p2}, \cdots, R_{pn}\}$ 的操作称作排序。

排序的定义

关键字是数据元素（或记录）中某个数据项的值，用以标识（识别）一个数据元素（或记录）。若此关键字可以识别唯一的一个记录，则称为"主关键字"；若此关键字能识别若干记录，则称为"次关键字"。

2. 排序的分类

（1）按排序过程中所涉及的存储器不同分为内排序和外排序。

在排序过程中，若整个表都是放在内存中处理，排序时不涉及数据的内、外存交换，则称为内排序；反之，若排序过程中要进行数据的内、外存交换，则称为外排序。我们要讲解的排序大部分都属于内排序。

（2）按相同关键字在排序前后的位置不同分为稳定排序和不稳定排序。

当待排序记录的关键字均不相同时，排序的结果是唯一的，否则排序的结果不一定唯一。如果待排序的表中，存在多个关键字相同的记录，经过排序后这些具有相同关键字的记录之间的相对次序保持不变，则称这种排序方法是稳定的；反之，若具有相同关键字的记录之间的相对次序发生变化，则称这种排序方法是不稳定的。

3. 待排序记录的类描述

内部排序方法可以在不同的存储结构上实现，但待排序的数据元素集合通常以线性表为主，因此存储结构多选用顺序表和链表。由于顺序表具有随机存储的特性，因此本章的排序算法都是针对顺序表进行的。

待排序的顺序表记录类描述如下。

```
public class RecordNode {
  private Comparable key;                                    // 关键字
  private Object element;                                    // 数据元素
  public Object getElement() {
```

```
      return element;
  }
  public void setElement(Object element) {
    this.element = element;
  }
  public Comparable getKey() {
    return key;
  }
  public void setKey(Comparable key) {
    this.key = key;
  }
  public RecordNode(Comparable key) {                    // 构造方法1
    this.key = key;
  }
  public RecordNode(Comparable key, Object element) {    // 构造方法2
    this.key = key;
    this.element = element;
  }
  public String toString() {                             // 覆盖 toString() 方法
    return "[" + key + "," + element + "]";
  }
}
```

为了实现按关键字值的大小进行比较，记录结点类 RecordNode 中的关键字 key 可声明为 Comparable 接口类型，它能够被赋值为任何实现 Comparable 接口类的对象。在实际应用时，可根据应用问题的不同定义不同的关键字类，以下是其中一种定义形式。

```
/**
 * 顺序表记录结点关键字类
 */
public class KeyType implements Comparable<KeyType> {
  private int key;                          // 关键字
  public KeyType() {
  }
  public KeyType(int key) {
    this.key = key;
  }
  public intgetKey() {
    return key;
  }
  public void setKey(int key) {
    this.key = key;
  }
  public String toString() {               // 覆盖 toString() 方法
    return key +"";
  }
  public intcompareTo(KeyType another) {
                             // 覆盖 Comparable 接口中比较关键字大小的方法
    intthisVal = this.key;
```

```
        intanotherVal = another.key;
        return (thisVal<anotherVal ? -1 : (thisVal == anotherVal ? 0 : 1));
    }
}
```

RecordNode 类的数据元素 element 定义为 Object 类型，用于保存结点，在实际应用时，可根据不同的问题定义为不同的具体类，以下是其中一种定义形式。

```
/**
 * 顺序表记录结点数据元素类
 */
public class ElementType {
    private String data;                              // 用户可自定义其他数据项
    public String getdata() {
        return data;
    }
    public void setdata(String data) {
        this.data = data;
    }
    public ElementType(String data) {
        this.data = data;
    }
    public ElementType() {
    }
    public String toString() {                        // 覆盖 toString() 方法
        return data;
    }
}
```

待排序的顺序类描述如下。

```
public class SeqList {
    private RecordNode[] r;                           // 顺序表记录结点数组
    private intcurlen;                                // 顺序表长度，即记录个数
    public RecordNode[] getRecord() {
        return r;
    }
    public void setRecord(RecordNode[] r) {
        this.r = r;
    }
    // 顺序表的构造方法，构造一个存储空间容量为 maxSize 的顺序表
    public SeqList(int maxSize) {
        this.r = new RecordNode[maxSize];        // 顺序表分配 maxSize 个存储单元
        this.curlen = 0;                              // 置顺序表的当前长度为 0
    }
    // 求顺序表中的数据元素个数并由函数返回其值
    public int length() {
        return curlen;                                // 返回顺序表的当前长度
    }
```

```
// 在当前顺序表的第 i 个结点之前插入一个 RecordNode 类型的结点 x
// 其中 i 取值范围为：0≤i≤length().
// 如果 i 值不在此范围则抛出异常，当 i=0 时表示在表头插入一个数据元素 x,
// 当 i=length() 时表示在表尾插入一个数据元素 x
public void insert(int i, RecordNode x) throws Exception {
  if (curlen == r.length) {              // 判断顺序表是否已满
    throw new Exception("顺序表已满");
  }
  if (i < 0 || i > curlen) {             // i 小于 0 或者大于表长
    throw new Exception("插入位置不合理");
  }
  for (int j = curlen; j > i; j--) {
    r[j] = r[j - 1];                     // 插入位置及之后的元素后移
  }
  r[i] = x; // 插入 x
  this.curlen++;                         // 表长度增 1
}
…
}
```

8.2.1　直接插入排序

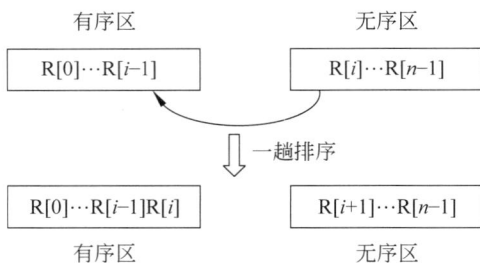

1. 算法说明

直接插入排序的基本思想是：每次将一个待排序的记录，按其关键字大小插入到前面已经排好序的子表中的适当位置，直到全部记录插入完成为止。

假设待排序的记录存放在数组 R[0…n–1] 中，排序过程的某一中间时刻，R 被划分成两个子区间 R[0…i–1] 和 R[i…n–1]，其中，前一个子区间是已排好序的有序区，后一个子区间则是当前未排序的部分，不妨称其为无序区。

直接插入排序

直接插入排序的基本操作是将当前无序区的第 1 个记录 R[i] 插入有序区 R[0…i–1] 中适当的位置上，使 R[0…i] 变为新的有序区。这种方法通常称为增量法，因为它每次使有序区增加 1 个记录，如图 8.1 所示。

图 8.1　直接插入排序原理

设待排序的表有 6 个记录，其关键字分别为 64，5，7，89，6，24。采用直接插入排序方法进行排序的过程如图 8.2 所示。

初始关键字序列：	[64]	5	7	89	6	24
第一次排序：	[5	64]	7	89	6	24
第二次排序：	[5	7	64]	89	6	24
第三次排序：	[5	7	64	89	6	24
第四次排序：	[5	6	7	64	89]	24
第五次排序：	[5	6	7	24	64	89]

图 8.2　直接插入排序过程

2. 算法实现

实现直接插入排序的步骤如下。

（1）将 r[i] 暂存在临时变量 temp 中。

（2）将 temp 与 r[j]($j=i-1$，$i-2$，…，0) 依次进行比较，若 temp.key<r[j].key，则将 r[j] 后移一个位置，直到 temp.key≥r[j].key 为止（此时 $j+1$ 即为 r[i] 的插入位置）。

（3）将 temp 插入第 $j+1$ 个位置上。

（4）令 $i=1$，3，…，$n-1$，重复步骤（1）~步骤（3），实现整个序列的排序。

代码实现如下。

```
public void insertSort() {
RecordNode temp;
int i, j;
    // System.out.println(" 直接插入排序 ");
    for (i = 1; i <this.curlen; i++) {     //n-1 趟扫描
      temp = r[i];                   // 将待插入的第 i 条记录暂存在 temp 中
      for (j = i - 1;j >= 0 &&temp.getKey().compareTo(r[j].
      getKey()) < 0;j--){
        // 将前面比 r[i] 大的记录向后移动
        r[j + 1] = r[j];
      }
      r[j + 1] = temp;              //r[i] 插入第 j+1 个位置
      // System.out.println(" 第 " + i + " 趟：");
      display();
    }
}
```

此算法中，第 7 行的循环条件中的 "$j >= 0$" 用来控制下标越界。为了提高算法效率，可对该算法进行如下改进：首先将待排序的 n 条记录从下标为 1 的存储单元开始依次存放在数组 r 中，再将顺序表的第 0 个存储单元设置为一个 "监视哨"，即在查找之前把 r[i] 赋给 r[0]，这样每循环一次便只需要进行记录的比较，不再需要比较下标是否越界，当比较到第 0 个位置时，由于 r[0].key==r[i].key 必然成立，循环将自动退出，所以只需要设置一个循环条件：temp.getKey( ).compareTo(r[j].getKey( ))<0 即可。

改进后算法描述如下。

```
public void insertSortWithGuard() {
  int i, j;
  System.out.println(" 带监视哨的直接插入排序 ");
  for (i = 1; i <this.curlen; i++) {                          //n-1 趟扫描
    r[0] = r[i];              // 将待插入的第 i 条记录暂存在 r[0] 中，同时 r[0] 为监视哨
    for (j = i - 1; r[0].getKey().compareTo(r[j].getKey()) < 0; j--) {
      // 将前面较大元素向后移动
      r[j + 1] = r[j];
    }
    r[j + 1] = r[0];                                   //r[i] 插入第 j+1 个位置
    System.out.println(" 第 " + i + " 趟： ");
    display();
  }
}
```

8.2.2 简单选择排序

1. 算法说明

简单选择排序的算法思想：假设待排序的数据序列有 n 个元素，第 1 趟，比较 n 个元素，选择关键字最小的元素，跟第 1 个元素交换；第 2 趟，在余下的 $n–1$ 个元素中选择关键字次小的元素与第 2 个数据交换……经过 $n–1$ 趟排序就完成了。

简单选择排序

假设待排序的表有 10 个记录，其关键字分别为 6，8，7，9，0，1，3，2，4，5。采用简单选择排序方法进行排序的过程如图 8.3 所示。

```
初始关键字    6   8   7   9   0   1   3   2   4   5
     i=0    [0]  8   7   9   6   1   3   2   4   5
     i=1     0  [1]  7   9   6   8   3   2   4   5
     i=2     0   1  [2]  9   6   8   3   7   4   5
     i=3     0   1   2  [3]  6   8   9   7   4   5
     i=4     0   1   2   3  [4]  8   9   7   6   5
     i=5     0   1   2   3   4  [5]  9   7   6   8
     i=6     0   1   2   3   4   5  [6]  7   9   8
     i=7     0   1   2   3   4   5   6  [7]  9   8
     i=8     0   1   2   3   4   5   6   7  [8]  9
```

图 8.3　简单选择排序过程

2. 算法实现

假设记录存放在数组 r 中，开始时，有序序列为空，无序序列为 {r[0]，r[1]，…，r[$n–1$]}。简单选择排序算法的主要步骤归纳如下。

（1）置 i 的初值为 0。

（2）当 $i < n–1$ 时，重复下列步骤。

① 在无序子序列 {r[*i*+1]，…，r[*n*−1]} 中选出一个关键字值最小的记录 r[min]。
② 若 r[min] 不是 r[*i*](即 min!=*i*)，则交换 r[*i*] 和 r[min] 的位置，否则不进行任何交换。
③ 将 *i* 的值加 1。
代码实现如下。

```
public void selectSort() {
  System.out.println(" 直接选择排序 ");
  RecordNode temp;                          // 辅助结点
    for (int i = 0; i <this.curlen - 1; i++) {       //n-1 趟排序
    // 每趟在从 r[i] 开始的子序列中寻找最小元素
    int min = i;                             // 设第 i 条记录的关键字最小
    for (int j = i + 1; j <this.curlen; j++) {
      // 在子序列中选择关键字最小的记录
      if (r[j].getKey().compareTo(r[min].getKey()) < 0) {
        min = j;                             // 记住关键字最小记录的下标
      }
    }
    if (min != i) {                          // 将本趟关键字最小的记录与第 i 条记录交换
      temp = r[i];
      r[i] = r[min];
      r[min] = temp;
    }
    System.out.print(" 第 " + (i + 1) + " 趟: ");
    display();
  }
}
```

8.2.3 冒泡排序

1. 算法说明

冒泡排序（Bubble Sort）的基本思想是：将待排序的数组看成从上到下的存放,把关键字较小的记录看成 "较轻的",关键字较大的记录看成 "较重的"，小关键字的记录好像水中的气泡一样，向上浮；大关键字的记录如水中的石块向下沉，当所有的气泡都浮到了相应的位置，且所有的石块都沉到了水中，排序就结束了。

冒泡排序

假设 *n* 个待排序的记录序列为 {r[0]，r[1]，…，r[*n*−1]}，对含有 *n* 个记录的排序表进行冒泡排序的过程是：在第 1 趟中，从第 0 个记录开始到第 *n*−1 个记录，对两两相邻的两个记录的关键字值进行比较，若与排序要求相逆，则交换，这样在第 1 趟之后，具有最大关键字值的记录便交换到了 r[*n*−1] 的位置上；在第 2 趟中，从第 0 个记录开始到第 *n*−2 个记录继续进行冒泡排序，这样在两趟之后，具有次最大关键字的记录便交换到了 r[*n*−2] 的位置上，以此类推，在第 *i* 趟中，从第 0 个记录开始到第 *n*−*i* 个记录，对两两相邻的两个记录的关键字值进行比较，当关键字值逆序时，交换位置，在第 *i* 趟之后，这 *n*−*i*+1 个记录中关键字值最大的记录就交换到了 r[*n*−*i*] 的位置上。因此整个冒泡排序最多进行了 *n*−1 趟，在某趟两两比较中，若一次交换都未发生，则表明已经有序，排序结束。

假设待排序记录关键字序列为：38, 5, 19, 26, 49, 97, 1, 66,冒泡排序的过程如图 8.4 所示。

初始关键字序列：	38	5	19	26	49	97	1	66
第1次排序：		5	19	26	38	49	1	66	[97]
第2次排序：		5	19	26	38	1	49	[66	97]
第3次排序：		5	19	26	1	38	[49	66	97]
第4次排序：		5	19	1	26	[38	49	66	97]
第5次排序：		5	1	19	[26	38	49	66	97]
第6次排序：		1	5	[19	26	38	49	66	97]
第7次排序：		1	[5	19	26	38	49	66	97]
最后结果序列：		1	5	19	26	38	49	66	97

图 8.4　冒泡排序的过程

2. 算法实现

假设记录存放在数组 r 中，开始时，有序序列为空，无序序列为 {r[0]，r[1]，…，r[n–1]}，则冒泡排序算法的主要步骤归纳如下。

（1）置初值 i=1。

（2）在无序序列 {r[0]，r[1]，…，r[n–1]} 中，从头至尾依次比较相邻的两个记录 r[j] 与 r[j+1]（0≤j≤n–i–1），若 r[j].key > r[j+1].key，则交换位置。

（3）i=i+1。

（4）重复步骤（2）和（3），直到步骤（2）中未发生记录交换或 i=n–1 为止。

要实现上述步骤，需要引入一个布尔变量 flag，用来标记相邻记录是否发生交换，代码实现如下。

```java
public void bubbleSort() {
  System.out.println(" 冒泡排序 ");
  RecordNode temp;                               // 辅助结点
  boolean flag = true;                           // 是否交换的标记
    for (int i = 1; i <this.curlen&& flag; i++) { // 有交换时再进行下一趟，最多 n-1 趟
      flag = false;                              // 假定元素未交换
      for (int j = 0; j <this.curlen - i; j++) {  // 一次比较、交换
        if (r[j].getKey().compareTo(r[j + 1].getKey()) > 0) { // 逆序时，交换
          temp = r[j];
          r[j] = r[j + 1];
          r[j + 1] = temp;
          flag = true;
        }
      }
      System.out.print("第 " + i + " 趟: ");
      display();
    }
}
```

8.2.4 快速排序

1. 算法说明

快速排序的基本思想是：通过一趟排序将要排序的记录分割成独立的两个部分，其中一部分的所有记录的关键字值都比另外一部分的所有记录关键字值小，然后再按此方法对这两部分记录分别进行快速排序，整个排序过程可以递归进行，以此达到整个记录序列变成有序。

假设待排序记录序列为 {r[low]，r[low+1]，…，r[high]}，首先在该序列中任意选取一条记录（该记录为支点，通常选 r[low] 作为支点），然后将所有关键字值比支点小的记录都放到它的前面，所有关键字值比支点大的记录都放在它的后面，由此可以将该支点记录最后所落的位置 i 作为分界线，将记录序列 {r[low]，r[low+1]，…，r[high]} 分割成两个子序列 {r[low]，r[low+1]，…，r[i–1]} 和 {r[i+1]，r[i+2]，…，r[high]}，这个过程即为一趟快速排序。通过一趟快速排序，支点记录就落在了最终排序结果的位置上。

假设待排序记录关键字序列为：60，55，48，37，10，90，84，36，快速排序的过程如图 8.5 所示。

初始关键字序列：	{60	55	48	37	10	90	84	36}
第1次排序后：	{36	55	48	37	10}	60	{84	90}
第2次排序后：	{10}	36	{48	37	55}	60	84	{90}
第3次排序后：	{10}	36	{37}	48	{55}	60	84	90
最后结果：	10	36	37	48	55	60	84	90

图 8.5 快速排序的过程

2. 算法实现

一趟快速排序算法的主要步骤归纳如下。

（1）设置两个变量 i、j，初值分别为 low 和 high，分别表示待排序序列的起始下标和终止下标。

（2）将第 i 个记录暂存在变量 pivot 中，即 pivot=r[i]。

（3）从下标为 j 的位置开始由后向前依次搜索，当找到第一个比 pivot 的关键字值小的记录时，将该记录向前移动到下标为 i 的位置上，然后 $i=i+1$。

（4）从下标为 i 的位置开始由前向后依次搜索，当找到第一个比 pivot 的关键字值大的记录时，将该记录向后移动到下标为 j 的位置上，然后 $j=j–1$。

（5）重复步骤（3）（4），直到 $i=j$ 为止。

实现代码如下。

```
public int Partition(int i, int j) {
RecordNode pivot = r[i];                        // 第一个记录作为支点记录
```

```
System.out.print(i + ".." + j + ",  pivot=" + pivot.getKey() + "  ");
  while (i < j) {                              // 从表的两端交替地向中间扫描
      while (i < j &&pivot.getKey().compareTo(r[j].getKey()) <= 0) {
          j--;
      }
      if (i < j) {
          r[i] = r[j];                         // 将比支点记录关键字小的记录向前移动
          i++;
      }
      while (i < j &&pivot.getKey().compareTo(r[i].getKey()) > 0) {
          i++;
      }
      if (i < j) {
          r[j] = r[i];                         // 将比支点记录关键字大的记录向后移动
          j--;
      }
  }
  r[i] = pivot;                                // 支点记录到位
  display();
  return i;                                    // 返回支点位置
}
```

8.2.5 归并排序

1. 算法说明

归并排序（Merging Sort）是与插入排序、选择排序、快速排序不同的另一类排序方法。归并的含义是将两个或者两个以上的有序表合并成一个新的有序表。其中将两个有序表合并成一个有序表的归并排序称为 2-路归并排序，否则称为多路归并排序。这里仅对 2-路归并排序进行讨论。

2-路归并排序的思想是：将待排序记录 r[0] 到 r[n–1] 看作是一个含有 n 个长度为 1 的有序子表，把这些子表依次进行两两归并，得到 [n/2] 个有序的子表，然后再把这 [n/2] 个有序的子表进行两两归并，如此重复，直到最后得到一个长度为 n 的有序表为止。

假设待排序记录关键字序列为：52，23，80，36，68，14，27，2-路归并排序的过程如图 8.6 所示。

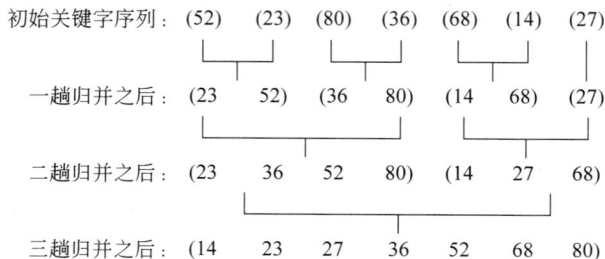

```
初始关键字序列：(52)  (23)  (80)  (36)  (68)  (14)  (27)
                 └──┬──┘    └──┬──┘    └──┬──┘
一趟归并之后：  (23   52)  (36   80)  (14   68)  (27)
                 └──────┬──────┘    └──────┬──────┘
二趟归并之后：  (23   36   52   80)  (14   27   68)
                 └──────────────┬──────────────┘
三趟归并之后：  (14   23   27   36   52   68   80)
```

图 8.6   2-路归并排序的过程

2. 算法实现

一趟归并排序的算法如下。

```java
// 把数组 r[n] 中每个长度为 s 的有序表两两归并到数组 order[n] 中
// s 为子序列的长度，n 为排序序列的长度
public void mergepass(RecordNode[] r, RecordNode[] order, int s, int n) {
  System.out.print(" 子序列长度 s=" + s + "   ");
  int p = 0;                //p 为每一对合并表的第一个元素的下标，初值为 0
  while (p + 2 * s - 1 <= n - 1) {              // 两两归并长度均为 s 的有序表
    merge(r, order, p, p + s - 1, p + 2 * s - 1);
    p += 2 * s;
  }
  if (p + s - 1 < n - 1) {                      // 归并最后两个长度不等的有序表
    merge(r, order, p, p + s - 1, n - 1);
  } else {
    for (int i = p; i <= n - 1; i++){           // 将剩余的有序表复制到 order 中
      order[i] = r[i];
    }
  }
}
```

假设待排序的 n 个记录保存在数组 r[n] 中，归并过程中需要引入辅助数组 temp[n]，第 1 趟由 r 归并到 temp，第 2 趟由 temp 归并到 r，如此反复，直到 n 个记录成为一个有序表为止。

在归并过程中，为了将最后的排序结果仍置于数组 r 中，进行的归并趟数需为偶数，如果实际上只需奇数趟即可完成，那么最后还要再进行一趟，这样 temp 中的 n 个有序记录为一个长度不大于 s（此时 $s \geqslant n$）的表，才会被直接复制到 r 中。

具体算法描述如下。

```java
public void mergeSort() {
  System.out.println(" 归并排序 ");
  int s = 1;                          //s 为已排序的子序列长度，初值为 1
  int n = this.curlen;
  RecordNode[] temp = new RecordNode[n];         // 定义长度为 n 的辅助数组 temp
  while (s < n) {
    mergepass(r, temp, s, n);     // 一趟归并，将 r 数组中各子序列归并到 temp 中
    display();
    s *= 2;                          // 子序列长度加倍
    mergepass(temp, r, s, n);     // 将 temp 数组中各子序列再归并到 r 中
    display();
    s *= 2;
  }
}
```

8.3 巩固基础

1. 对有 n 个记录的表进行直接插入排序，在最坏情况下需比较（   ）次关键字。

巩固基础

    A. $n-1$ B. $n+1$

    C. $n/2$ D. $n(n-1)/2$

2. 对数据序列 {8, 9, 10, 4, 5, 6, 20, 1, 2} 进行递增排序，采用每趟冒出一个最小元素的冒泡排序算法，需要进行的趟数至少是（   ）。

    A. 3   B. 4   C. 5   D. 8

3. 对 8 个元素的顺序表进行快速排序，在最好的情况下，元素之间的比较次数为（   ）次。

    A. 7   B. 8   C. 12   D. 13

4. 一组记录的关键字为：46，79，56，38，40，84，则利用快速排序的方法，以第一个记录为支点得到的一次划分结果为（   ）。

    A. 38，40，46，56，79，84   B. 40，38，46，79，56，84

    C. 40，38，46，56，79，84   D. 40，38，46，84，56，79

5. 在对一组关键字序列 {70，55，100，15，33，65，50，40，95} 进行直接插入排序时，把 65 插入，需要比较（   ）次。

    A. 2   B. 4   C. 6   D. 8

6. 对关键字 {28，16，32，12，60，2，5，72} 序列进行快速排序，第一趟从小到大一次划分的结果为（   ）。

    A. (2，5，12，16) 26 (60 32 72)   B. (5，16，2，12) 28 (60，32，72)

    C. (2，16，12，5) 28 (60，32，72)   D. (5，16，2，12) 28 (32，60，72)

7. 内部排序算法的稳定性是指（   ）。

    A. 该排序算法不允许有相同的关键字记录

    B. 该排序算法允许有相同的关键字记录

    C. 平均时间为 $O(N\log N)$ 的排序方法

    D. 以上都不对

8. 在下列排序算法中，哪一种算法的时间复杂度与初始排序序列无关（   ）。

    A. 直接插入排序   B. 冒泡排序   C. 快速排序   D. 直接选择排序

9. 当待排序序列基本有序时，以下排序方法中，（   ）最不利于其优势的发挥。

    A. 直接选择排序   B. 快速排序   C. 冒泡排序   D. 直接插入排序

10. 在待排序序列局部有序时，效率最高的排序算法是（   ）。

    A. 直接选择排序   B. 直接插入排序   C. 快速排序   D. 归并排序

11. 以下排序方法中，（   ）在初始序列已基本有序的情况下，排序效率最高。

    A. 冒泡排序   B. 直接插入排序   C. 快速排序   D. 堆排序

■■ 善 询 篇 --

8.4 头 脑 风 暴

　　排序是数据分析中的一个基本操作,通过将数据按照一定顺序排列,研究者可以更容易地发现数据中的特征或趋势,从而找到解决问题的线索。排序还有助于对数据进行检查和纠错,以及为数据的重新归类或分组提供方便。通过学习各类排序算法,你发现排序还能应用在哪些领域,并且发挥了什么作用呢?你能分析这些排序是采用的哪种算法吗?这些排序算法里有哪些是有待提高和改善的?将心得记录到表 8.1 中,以防遗忘,也可分享出去,以获得更强的思维碰撞。学习中遇到的疑惑也可一并记录,问题是成长的阶梯,解决问题的过程就是思维进步的过程。

表 8.1　排序算法的应用

我的想法	集思广益

■■ 笃 行 篇 --

8.5 案 例 分 析

　　对学生的成绩进行排序可以使用本章介绍的排序算法来完成。根据排序算法的要求,需要设计三个类:Student 类,用于保存学号(id)、姓名(name)、成绩(score)3 个数据项;KeyScore 类,用于保存关键字成绩(score),该类需要实现 Comparable 接口,以便可以按照关键字 score 比较大小。

学生信息按照
成绩关键字排
序案例分析

8.6 案 例 实 现

　　学生信息类代码实现如下。

```java
public class Student {
  private int id;                    //学号
  private String name;               //姓名
  private double score;              //成绩
  public intgetId() {
    return id;
  }
```

```
    public void setId(int id) {
      this.id = id;
    }
    public String getName() {
      return name;
    }
    public void setName(String name) {
      this.name = name;
    }
    public double getScore() {
      return score;
    }
    public void setScore(double score) {
      this.score = score;
    }
    public Student(int id, String name, double score) {        // 构造方法
      this.id = id;
      this.name = name;
      this.score = score;
    }
  }
```

顺序表记录关键字类的代码如下。

```
public class KeyScore implements Comparable<KeyScore> {
  private double score;                                  // 关键字
  public KeyScore(double score) {
    this.score = score;
  }
  public String toString() {                              // 覆盖 toString() 方法
    return score + " ";
  }
  // 覆盖 Comparable 接口中比较关键字大小的方法 compareTo
  public intcompareTo(KeyScore another) {
    double thisVal = this.score;
    double anotherVal = another.score;
    return (thisVal<anotherVal ? -1 : (thisVal == anotherVal ? 0 : 1));
  }
}
```

学生记录按成绩排序实现类的代码如下。

```
importjava.util.*;
publicclassStuScoreSort {
  private Scanner scanner;
  private Student[] student;
  privateintnumber;
  privateSeqListSL;
  publicStuScoreSort() throws Exception {
    scanner = new Scanner(System.in);
```

```
      System.out.println(" 输入学生的个数: ");
      number = scanner.nextInt();
      input(number);                                    // 输入数据记录
      SL = newSeqList(number);                          // 建立顺序表
      for (int i = 0; i <student.length; i++) {
        RecordNode  r = newRecordNode(newKeyScore(student[i].getScore()),
        student[i]);                                    // 产生记录
        SL.insert(SL.length(), r);              // 把记录 r 插入到表 SL 的末尾
      }
      System.out.println(" 排序前 ");
      output();
      SL.insertSort();                                  // 进行排序
      System.out.println(" 排序后 ");
      output();
    }
  publicvoid input(int n) {                             // 输入学生的信息
      student = new Student[n];
      System.out.println(" 学号      姓名      成绩 ");
      for (int i = 0; i <student.length; i++) {
        int id = scanner.nextInt();
        String name = scanner.next();
        double score = scanner.nextDouble();
        student[i] = new Student(id, name, score);
      }
    }
  publicvoid output() {                                 // 输出学生的信息
      System.out.println(" 学号      姓名      成绩 ");
      for (int i = 0; i <student.length; i++) {
        Student st = (Student) SL.getRecord()[i].getElement();
        System.out.println(st.getId() + "\t" + st.getName() + "\t" +
        st.getScore());
      }
    }
  publicstaticvoid main(String[] args) throws Exception {
  StuScoreSortscoresort = newStuScoreSort();
    }
}
```

运行结果如下。

```
输入学生的个数:
4
学号      姓名      成绩
12       张三       98
34       李四       89
45       王五       78
56       赵六       100
排序前
学号      姓名      成绩
12       张三       98.0
34       李四       89.0
```

```
45        王五     78.0
56        赵六     100.0
 89.0  98.0  78.0  100.0
 78.0  89.0  98.0  100.0
 78.0  89.0  98.0  100.0
排序后
学号       姓名     成绩
45        王五     78.0
34        李四     89.0
12        张三     98.0
56        赵六     100.0
```

8.7　总结提高

本章讲解了五种排序方法：直接插入排序、冒泡排序、简单选择排序、快速排序以及归并排序，其各自的性能如表 8.2 所示。

表 8.2　排序算法性能比较

排序方法	平均时间	最坏情况	最好情况	辅助空间	稳定性
直接插入排序	$O(n^2)$	$O(n^2)$	$O(n)$	$O(1)$	是
冒泡排序	$O(n^2)$	$O(n^2)$	$O(n)$	$O(1)$	是
简单选择排序	$O(n^2)$	$O(n^2)$	$O(n^2)$	$O(1)$	是
快速排序	$O(n\log_2 n)$	$O(n)$	$O(n\log_2 n)$	$O(\log_2 n)$	否
2-路归并排序	$O(n\log_2 n)$	$O(n\log_2 n)$	$O(n\log_2 n)$	$O(n)$	是

具体什么情况下选择哪种排序方法呢，经分析现总结如下。

（1）序列完全有序，或者序列只有尾部部分无序，且无序数据都是比较大的值时，直接插入排序最佳（哪怕数据量巨大，这种情形下也比其他任何算法快）。

（2）数据量比较大或者巨大，单线程排序，且较小概率出现基本有序和基本逆序时，快速排序最佳。

（3）数据量巨大，可多线程排序，不在乎空间复杂度时，归并排序最佳。

由此可见，没有任何一种排序算法是完美的，在具体处理排序问题的时候，我们一般会选择多种排序并存的方法，以使算法达到最优的效果。

能力拓展

1. 对于给定的一组键值：83，40，63，13，84，35，96，57，39，79，61，15，分别画出应用直接插入排序、简单选择排序、冒泡排序、快速排序以及归并排序进行排序的结果。

2. 设计一个用链表表示的直接选择排序算法。

参 考 文 献

[1] 刘小晶，杜选 . 数据结构—Java 语言描述 [M]. 北京：清华大学出版社，2011.

[2] 严蔚敏，吴伟民 . 数据结构（C 语言版）[M]. 北京：清华大学出版社，2007.

[3] 严蔚敏，吴伟民，米宁 . 数据结构题集（C 语言版）[M]. 北京：清华大学出版社，1999.

[4] 程杰 . 大话数据结构 [M]. 北京：清华大学出版社，2011.

[5] 王世民 . 数据结构与算法分析（Java 版）[M]. 北京：清华大学出版社，2005.

[6] 陈媛，涂飞 . 算法与数据结构（Java 语言描述）[M]. 北京：清华大学出版社，2012.

[7] 马巧梅 . 数据结构课程设计案例教程 [M]. 北京：人民邮电出版社，2012.

[8] 卢玲，陈媛 . 数据结构学习指导及实践教程 [M]. 北京：清华大学出版社，2013.

[9] 单忆南，孙涵，唐军军 . 数据结构（C 语言版）答疑解惑与典型题解 [M]. 北京：北京邮电大学出版社，2010.

[10] 张静，闫枫，杨丹 . 数据结构（Java 语言描述）[M]. 北京：高等教育出版社，2021.

[11] 李刚，刘万辉 . 数据结构（C 语言版）[M].2 版 . 北京：高等教育出版社，2017.